视频压缩效率提升技术

林宏伟 著

中国科学技术出版社
·北 京·

图书在版编目（CIP）数据

视频压缩效率提升技术 / 林宏伟著 . -- 北京 : 中国科学技术出版社 , 2025. 6. -- ISBN 978-7-5236-1393-1

Ⅰ. TN91

中国国家版本馆 CIP 数据核字第 2025GR1694 号

策划编辑	王晓义
责任编辑	李新培
封面设计	郑子玥
正文设计	中文天地
责任校对	张晓莉
责任印制	徐　飞

出　　版	中国科学技术出版社
发　　行	中国科学技术出版社有限公司
地　　址	北京市海淀区中关村南大街 16 号
邮　　编	100081
发行电话	010-62173865
传　　真	010-62173081
网　　址	http://www.cspbooks.com.cn

开　　本	720mm × 1000mm　1/16
字　　数	132 千字
印　　张	11.75
版　　次	2025 年 6 月第 1 版
印　　次	2025 年 6 月第 1 次印刷
印　　刷	涿州市京南印刷厂
书　　号	ISBN 978-7-5236-1393-1 / TN · 65
定　　价	60.00 元

内 容 简 介

在视频制作技术和显示技术都突飞猛进的大环境下，视频编码作为视频应用的关键技术之一，面临着越来越大的压力。目前已发布的高性能视频编码标准（High Efficiency Video Coding，HEVC）相比上一代视频编码标准 H.264/AVC 在同等视频质量下能够降低 50%左右的码率，可以在一定程度上缓解视频编码技术目前面临的压力。从应用的角度讲，HEVC 作为要在实际网络通信中使用的视频压缩编码技术，人们总希望其压缩效率能进一步提升。因此，如何在 HEVC 的基础上充分利用现有视频传输的带宽及进一步提升压缩效率，是业界需要不断面对的问题。另外，H.264/AVC 是目前全世界应用最广泛的视频编码技术，为了共享已有的视频资源，从 H.264/AVC 到 HEVC 的视频格式转码技术也是研究的一个热点方向。本书针对以上问题分别研究了结合 HEVC 的视频编码框架压缩效率提升和 HEVC 码率控制问题，同时还提出了一种 H.264/AVC 到 HEVC 的转码算法。

目录

第一章

绪　　论

第一节　研究背景与意义

近些年来，网络和多媒体通信技术发展迅猛，多媒体信息已经渗透到教育、文娱、商业、通信等生产、生活的方方面面。随着计算机网络及无线网络的普及，相比于文字和图片，视频因其生动、直观的特点，更加受到人们的青睐，因此被广泛用于智慧城市、安防监控、智能交通、视频直播等诸多领域[1]。但随着视频帧率和分辨率的持续增长，目前网络中用于视频存储的设备和传输视频的网络带宽面临越来越严峻的考验。因此，凸显了一个需求是由于受到移动多媒体设备能力不足或通信带宽的限制，视频序列的传输往往会牺牲一定的视频质量。想要在有限的信道带宽限制条件下尽可能提升视频用户的观看体验，最有效的解决办法一般为 2 种：一种方式是在现有的视频编码标准的条件下尽可能有效利用现有视频传输带宽；另一种方式是使用新技术进一步提升视频压缩编码的效率。

经过几十年的发展，各种图像、视频编解码标准中的核心技术和框架都基本成熟，如主要对静止图像进行压缩的JPEG、JPEG2000标准和主要对视频序列进行压缩的H.264/AVC、HEVC标准等[2，3]。以即将进入实用阶段的HEVC标准为例，该标准与H.264/AVC相比，在保证视频质量相同的条件下，HEVC压缩率提高了1倍[4]，但人们对视频压缩效率提升的研究是孜孜不倦的。因此，如何利用其他的技术来进一步提升基于HEVC的视频压缩率，就成为研究的方向之一。超分辨率重建技术能够有效利用信号处理技术，在不改变成像系统硬件设备的前提下，提升图像和视频的分辨率，节省替换成像设备的成本，因此这种技术成为图像处理领域的热点研究方向，并广泛应用到社会生产和国防军事领域，如医学图像、卫星遥感、视频监控、视频格式转换等。随着超分辨率技术的发展，目前国内外一些研究所及院校都有相关学者尝试利用其优势，将超分辨率重建技术运用到传统图像及视频压缩编码算法中，提出了结合超分辨率重建的图像和视频编解码方案，以取得更高的压缩效率。其思想为在编码端通过下采样降低视频的空/时域信息，然后对满足信道带宽的低码率视频在解码端利用空/时域超分辨技术进行重建，就是其中一个研究热点。

由上述可知，通过超分辨技术可在信道传输能力不足的前提下，提高视频编码标准的压缩率。但仍存在一个问题，那就是如何在给定带宽的限制下，充分利用现有实际通信网络的传输能力来提升编码后视频的质量。码率控制技术是针对这一问题的解决方案之一。码率控制就是对不同的码率控制单位分配最佳的数据量，这些分配的数据再通过自适应选择最优的量化参数来实现。因此，码率控制技术可以有效提升视频传输时带宽的利用率。然而，随着面向高清视频的 HEVC 标准的快速发展，其灵活的编码结构对码率控制技术的要求越来越高。虽然 HEVC 较之前的 H.264/AVC 标准的压缩效率大大提升，但如果没有相匹配的码率控制算法对这些比特进行合理分配，则可能会明显降低接收端解码视频的观看质量。因此，如何利用码率控制技术，提升 HEVC 编码后码流充分利用传输带宽的能力，也是行业研究热点。

除此之外，目前大部分的视频资源都主要采用 H.264/AVC 标准进行压缩编码，为了使已有资源和设备得到最大限度的利用，其中较好的解决方式就是通过转码将 H.264/AVC 格式的视频流转码为 HEVC 格式。然而，HEVC 为了大幅度提升其压缩效率，在以往压缩标准的基础上又引入了一系列非常复杂的压缩算法，这些算法在带来压缩率大幅提升的同时也带来了编码复杂度的急剧增加。因此，如何利用 H.264/AVC 编码后的码流信息来加速 HEVC 在转码中的再编码过程也是业界亟待解决的问题。

第二节　视频标准简介

20 世纪 80 年代早期，视频编码的国际标准化进程被开启。目前全球有 2 个组织进行视频编码国际标准的制定，分别为活动图像专家组（Moving Picture Experts Group，MPEG）和视频编码专家组（Video Coding Experts Group，VCEG），如图 1.1 所示。

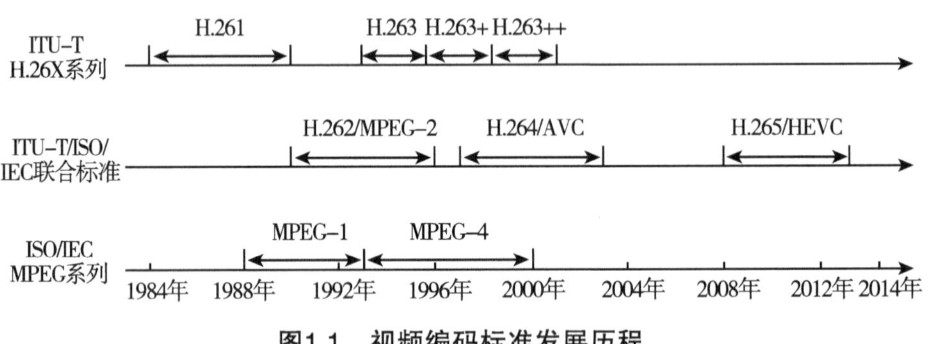

图1.1　视频编码标准发展历程

一、H.26X系列标准

H.261 标准作为混合编码标准的开端，由国际电报电话咨询委员会（International Telephone and Telegraph Consultative Committee，CCITT）在 1988 年制定并通过。ITU-T 随后制定了主要针对视频应用的 H.263 标准。H.263 在电视、综合业务数字网（ISDN）和互联网视频会议系统中取得了成功。2001 年 12 月，ISO/IEC 与 ITU-T 共同建立了联合工作组（Joint Video Team，JVT），并于 2003 年正式发布了 H.264/AVC 标准[5]。宏块概念在 H.264/

AVC 标准中被首次提出，并且 H.264/AVC 采用了运动补偿等新技术。

二、MPEG系列标准

与 H.261 标准类似，MPEG-1 标准也采用了相同的混合编码结构，但其仅支持逐行扫描的视频显示模式。档次和级别的概念在 MPEG-2 标准中被提出，其含义为根据不同的需求，可以选择不同档次和级别生成不同编码效果的码流。MPEG-2 成为 DVD 产品的核心技术，其应用范围还包括有线电视、卫星电视等。MPEG-4 主要由系统、视频和音频部分组成，其提供了音频、视频及图形的基于对象的编码工具，MPEG-4 标准更加注重多媒体系统的交互性与灵活性[6]。

第三节　HEVC视频编码标准

2010 年 10 月，ISO/IEC 和 ITU-T 联合成立了视频编码联合协作小组（Joint Collaborative Team on Video Coding，JCT-VC），之后便开始着手于国际视频压缩编码标准的更新换代。2013 年 1 月，HEVC 正式成为新一代的视频压缩编码国际标准[7-17]。HEVC 在编码性能方面也取得了更加显著的成绩，在保证相同视频质量的前提下，HEVC 的压缩率相较于之前的 H.264/AVC 标准提升了 1 倍。HEVC 视频编码框架主要包括了预测编码、变换与量化、熵编码等主要技术。

一、预测编码

预测编码就是尽最大可能去除视频在空域和时域上的冗余信息。它之所以可以对数据进行压缩，是因为通过使用已编码的信息来预测未编码的信息，并计算获得二者的残差，接下来将此残差进行变换、量化和编码。在 HEVC 中预测方式主要有 2 种：帧内预测和帧间预测。HEVC 帧内预测主要应用于单幅图片压缩，通过图中的空间关联性来消除空间冗余，从而对数据进行压缩[18]。其具体过程为通过使用每一帧图像中与当前待编码块相邻的已编码重建块的信息，并结合图像中的纹理方向的差异和后期滤波方法，来对当前块中的每个像素值进行估算，再将这个估算值和当前块中真实值进行差值计算，最后对残差进行后续的处理。在 HEVC 中共定义了 35 种帧内预测的模式，分别用序号 0~34 表示，其中 0 是 Planar 模式，1 是 DC 模式，其余 2~34 为角度模式。HEVC 帧间预测主要为了消除相邻帧之间的时域冗余[19]。因为视频是由一张张静止图像组成，相邻帧之间存在较大的时间相似性，并且这种相似性要比帧内部的空间相似性大。这也是为什么帧间编码方式可以更好地去除数据冗余。帧间编码处理图像是以块为单位，并且进行运动补偿。HEVC 中帧间预测编码时，首先通过运动估计可以得到当前帧相对于已编码帧的运动矢量，再结合参考帧进行当前帧预测[20]。

二、变换与量化

HEVC 结合预测过程与变换过程，因此 HEVC 编码过程是一种混合编码算法。变换算法具体是指把每一帧视频由空间域转为频率域，从而使其中的能量分布发生变化。经过变换，帧中大多数信息可以用少数低频系数进行表示，这样做目的是去除帧中空间相关性。值得注意的是变换只是图像的另外一种描述方式，该过程并不能减少数据量。因此，为了降低数据量，通过量化对以上结果进行处理。图像编码中使用较多的是正交变换，将每一待编码帧分割成 $n \times n$ 大小的子块，然后经过变换从空间域转化到频率域。正交变换有很多种算法，其中效果较好的是 K–L（Karhunen–Loeve）变换。由于 K–L 算法的计算量较大，压缩效率会受到影响。离散余弦变换（Discrete Cosine Transform，DCT）性能与 K–L 算法最为相似，并且更易于工程实现，因此 HEVC 标准采用 DCT 变换算法。相比于以往的视频压缩标准，HEVC 还引入了离散正弦变换（Discrete Sine Transform，DST）[21, 22]，引入 DST 主要原因是在 HEVC 中帧内编码过程中，当块大小为 4×4 时，帧内预测残差距离预测像素越远，预测的幅度就会越大，DST 可以很好地表明这种特性，值得注意的是 HEVC 中 DST 也只在帧内预测块为 4×4 的亮度分量残差编码时才会被使用。

三、熵编码

熵编码结合了信号的统计特性——信息熵，该过程是无损的，因此经过该处理后的帧与原始帧没有区别[22]。熵编码的基本原理大致是：若某信号出现频率较高，就使用较少的信息进行编码；若某信号发生频率较低，则使用较长的码字进行表示，这样可以使所有的信息的平均码长达到最小值。常见的编码算法主要有3种：游程编码（Run Length Coding，RLC）、哈夫曼编码（Huffman Coding）和算术编码（Arithmetic Coding，AC）。其中RLC算法经量化处理零值系数比较多，因此可用游程来说明零值连续出现的次数，从而减少代表零值的信息量。哈夫曼编码算法码字长度不相等，因为相比于其他有效编码算法，哈夫曼编码算法的平均码长更短。哈夫曼编码算法达到最优效果的前提为提前知道信源概率分布，这样做的难度很大，不太容易达到最佳性能。AC算法的基本原理是任何一个信号集均可使用0~1内的一个间隙来表达，这个间隙长度则与信号集的概率分布相关。HEVC中采用的熵编码算法是基于上下文自适应的二进制算术编码（Context-based Adaptive Binary Arithmetic Coding，CABAC），它可以有效地利用语法元素中的高阶信息来进一步提升压缩率[23]。

第四节　超分辨率重建技术概述

因本书中提升HEVC压缩率的部分需要借助超分辨技术来实现，所以在这里有必要对超分辨（Super Resolution，SR）技术做一个概述。超分辨率重建技术的概念和算法最早是在20世纪60年代由哈里斯（Harris）和古德曼（Goodman）提出的。自此，世界各地的专家开始对超分辨率重建算法进行研究，大量超分辨率重建算法不断被提出。超分辨率重建技术通常是指根据一幅低分辨率图像或一组图像序列来重建高分辨率图像，并消除低分辨率传感器或信息采集所造成降质影响的过程[24]。近年来，超分辨率技术的概念更加广泛，超分辨率既可以是时域超分辨重建，也可以是空域超分辨重建[25, 26]。前者利用视频间的帧间相关性进行重建，将视频序列的帧率增加，使视频看起来更加流畅，增强观看者的视觉体验；后者将图像的分辨率增加，使图像或视频有更多的细节可以解读。超分辨率重建技术目前已成为图像处理领域的众多研究热点之一，在医学、计算机视觉、公共安全、军事、图像压缩、视频压缩等诸多领域都得到了广泛的应用。本书将分别涉及时域和空域超分辨率重建技术。因此，本书将对这 2 种超分辨率算法进行介绍。

一、时域超分辨算法

时域超分辨算法可以恢复编码端丢掉的缺失帧，在减小码率的同时保持视频的播放质量，因此也称为帧频提升或帧率上转换（Frame Rate Up-Conversion，FRUC）。时域超分辨算法在高码率视频系统中已经得到广泛的应用，它可以提供更好的视觉质量。而在低码率视频应用中，时域超分辨可以恢复编码端丢掉的缺失帧，在减小码率的同时保持视频的播放质量。出于名称统一考虑，本书余下部分统一将时域超分辨率称为帧率上转换或 FRUC。

FRUC 依次经历了线性滤波、非线性自适应滤波和基于运动补偿的帧率上转换3个阶段[27]。线性滤波技术的核心是内插滤波器，其特点为结构简单，但由这种技术恢复的视频帧中因频谱混叠导致的模糊现象较严重。

为了解决线性滤波技术的缺点，基于非线性自适应滤波的FRUC算法[28, 29]相继出现。基于非线性自适应滤波的技术复杂度相对较低，但由于此类算法对整帧图像使用同一处理方式，因此仍然会在恢复的帧中出现运动物体边缘模糊的现象。20世纪末，研究人员提出了基于运动补偿（Motion Compensated，MC）的FRUC技术。这类算法充分考虑相邻帧之间像素的运动轨迹，取得了较好的效果，是目前国内外学者重点开展的研究内容。本书所使用的帧率上转换算法属于这种算法。

如图1.2所示为FRUC算法原理框图，首先根据低帧率的视频序列{f}估计出初始运动矢量MV，然后对运动矢量进行平滑处理得到MV'矢量。根据MV'对低帧率视频序列f进行运动补偿插帧，最后得到原始帧率的视频F。运动估计由不同的估计方向，可以分为以下2类。

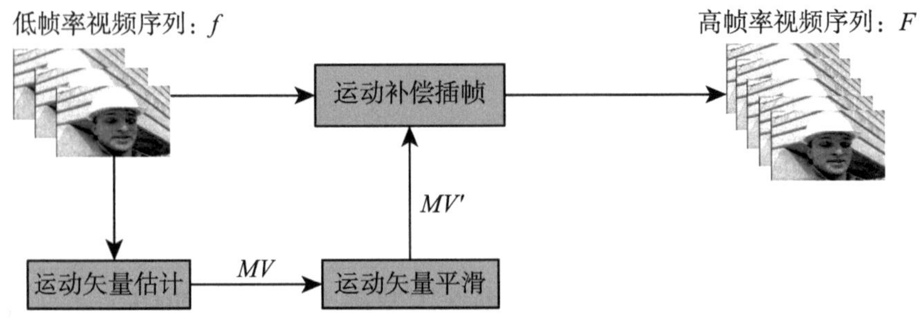

图1.2　FRUC算法原理框图

（一）单向运动估计

单向运动估计算法首先将当前帧划分为多个大小为 $n \times n$ 的图像块，对于每一个图像块，在前一帧中搜索最佳匹配块。找到当前块的最佳匹配块之后，匹配块对之间的相对位移即为运动向量，将参考块的像素值按照运动向量位移即可得到待插帧。假设当前帧中的图像块位置为 (x, y)，其前向运动向量为 (V_x, V_y)，则前向运动估计的插帧公式可以表示为：

$$F_t(x, y)=F_{t+1}(x-V_x, y-V_y) \tag{1.1}$$

同样地，对于后向运动估计，同样假设前一帧中的图像块位置为 (x, y)，其后向运动向量为 (V_x, V_y)，则后向运动估计的插帧公式可以表示为：

$$F_t(x, y)=F_{t-1}(x+V_x, y+V_y) \tag{1.2}$$

其中，F_{t+1} 为当前帧，F_t 为待插帧，F_{t-1} 为当前帧的前一帧。单向运动估计生成帧中的图像块，全部来自前一帧或后一帧，一旦在前一帧或后一帧中找不到匹配图像块，就会大大降低恢复帧的质量。为了解决这一问题，双向运动估计算法应运而生。

（二）双向运动估计

双向运动估计在两相邻视频帧之间先“虚构”出一幅划分好块的待插帧，利用时间上的对称性在前一帧与当前帧中搜索与虚拟待插帧中的每一个图像块匹配的对应块，其过程如图 1.3 所示。假设待插帧中块的位置为 (x, y)，其对应的双向运动向量为 (V_x, V_y)，则双向估计对应的插帧公式如下：

$$F_t(x,y)=\frac{1}{2}\times F_{t-1}(x+\frac{1}{2}V_x,y+\frac{1}{2}V_y)+\frac{1}{2}\times F_{t+1}(x-\frac{1}{2}V_x,y-\frac{1}{2}V_y) \quad (1.3)$$

由于双向运动估计，恢复帧过程中同时利用了前后两帧中的信息，因此使用双向运动估计恢复出的帧质量较好。

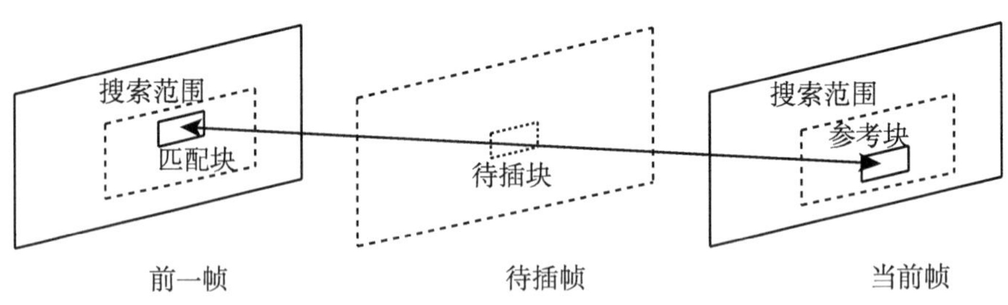

图1.3　双向运动估计示意图

二、空域超分辨算法

空域超分辨算法可以分为 3 大类[30]：基于插值的超分辨算法[31]、基于重建的超分辨算法[32]和基于学习的超分辨算法[33]。

（一）基于插值的超分辨算法

基于插值的超分辨算法中，高分辨率图像的未知像素通常是利用其领域范围内的已知低分辨率像素插值得到的。按照插值的特点分为固定插值算法和自适应插值算法。固定插值算法包括双三次、双线性、最近邻等算法。固定插值算法实现简单、高效、可以满足实时性要求，但是插值后的图像会有锯齿、模糊效应。为了更好地适应图像的特性差异，一些研究者提出了自适应插值算法[34-36]，这些算法能够明显减少锯齿、模糊效应，插值后图像的视觉效果较好。但相较于固定插值算法，这类算法的复杂度有着显著的提升。

（二）基于重建的超分辨算法

基于重建的超分辨算法要求超分辨重建出的图像能够尽可能地接近初始的低分辨率图像，其原理基础是均衡及非均衡采样定理。基于重建的超分辨算法一般是以最大后验概率估计模型为基础，而其超分辨重建过程也因此转化为重建代价函数的最小化问题。基于重建的超分辨算法主要包括频域重建法和空域重建法[37]。

频率域重建算法中最主要也是最常用的是消除混叠的重建算法。在图像下采样过程中形成了频谱混叠，而频率域超分辨率重建的过程就是通过消除混叠来改善图像的空间分辨率从而实现超分辨率复原。频域重建算法理论较为简单，运算复杂度相对较低，但是其理论前提过于理想化，在很多场合不能有效应用。

空域类重建算法的观测模型涉及空间可变点扩散函数、帧内运动模糊、光学模糊、非理想采样、全局和局部运动等内容。空域重建算法有着较强的包含空域先验约束的能力[38]，主要包括最优和自适应滤波算法、迭代反投影算法、凸集投影法、非局部值先验[39]、最大后验概率、混合 MAP/ POCS（Maximum a Posteriori / Projection onto Convex Set）算法和确定性重建算法等。

（三）基于学习的超分辨算法

基于学习的超分辨算法是目前研究的重点和热点，该算法充分利用了图像本身的先验知识。首先，需要对图像（可以是外部的图像，也可以是自身的输入图像）进行训练得到库；然后，利用这个训练库预测和估计低质量图像的高频信息。基于学习的超分辨重建技术可以不再受低质量图像放大倍数的限制，不仅能提高单幅图像的分辨率，而且还可以保证它的主观质量和客观质量。

2002 年，弗里曼（Freeman）提出了一种基于样例的超分辨率重建算法[40]。该算法在学习阶段利用马尔科夫网络建立高、低分辨率图像块之间及高分辨率图像块之间的关系，在测试时使用置信传播的算法对高频信息进行估计。在 2010 年，Yang 等人根据压缩感知理论率先提出了基于稀疏表示的超分辨率算法[41]。该算法通过高、低分辨率图像块，训练得到一个过完备字典，并假设高、低分辨率图像块在过完备字典中有着相同的稀疏表示系数。在重建阶段，首先求解低分辨图像在过完备字典中的稀疏系数，然后根据稀疏系数和高分辨字典重建高分辨图像。随后蒂莫夫特（Timofte）等人提出了一种结合稀疏表示与邻域嵌入的固定邻域回归算法（Anchored Neighborhood Regression，ANR）[42]和调整的固定邻域回归算法（Adjusted Anchored Neighborhood Regression method，A+）[43]。在 ANR 超分辨率重建中，使用了岭回归来离线学习邻域样本，并使用这些邻域像素点来预测，建立低分辨率块 LR 和高分辨率块 HR 的映射关系。ANR 算法和 A+ 算法大大提升了基于稀疏表示超分辨率算法的重建速度。

随着深度学习技术的不断发展，近年来研究者们提出了一系列基于深度学习的超分辨率算法。奥森多费尔（Osendorfer）等人提出了一种使用卷积神经网络来近似表示稀疏编码的超分辨率重建算法[44]。Cui 等人提出在卷积神经网络（Convolutional Neural Network，CNN）的基础上使用深度网络级联的超分辨率算法[45]。2014 年，Dong 等人提出了一个由 3 层卷积神经网络组成的超分辨重建算法[46]，这 3 层卷积层分别为特征提取层、非线性映射层和重建层。随后，Dong 等人进一步使用反卷积层对之前构建的网络进行优化，明显提升了超分辨重建的速度[47]。为了在较大倍数的重建中取得更好的效果，Lai 等人给出了“金字塔”结构的神经网络，并在 4 倍、8 倍的重建中取得了较好的结果[48]。之后，残差网络也被融入超分辨重建中[49]。本书中所使用的空域超分辨算法，即是基于深度学习的超分辨率重建算法。

第五节 研究现状

本节首先针对时 / 空域超分辨率的不同特点，给出结合时 / 空域超分辨率技术的视频编码框架研究现状，然后分别给出 HEVC 中的码率控制技术、H.264/AVC 到 HEVC 的转码技术的研究现状。

结合时域超分辨率的视频编码框架主要是利用 FRUC 技术来实现。FRUC 技术分为 2 种，即非运动补偿插帧和运动补偿插帧（Motion-Compensated Frame Interpolation，MCFI）[50]。非运动补偿插帧未使用视频中的运动信息，只是简单通过帧与帧之间对应位置的像素信息来进行帧恢复，如帧重复[51]和线性帧插值[52]，由于未将运动信息考虑在内，一旦视频序列出现幅度较大或者较为复杂的运动，上述算法极可能出现失真现象，如图像跳动和图像模糊。运动补偿插帧[53]则是考虑了连续视频帧之间的运动过程，通过运动矢量信息来有效降低非运动补偿算法所引起的模糊现象[54]。

根据帧重建过程中使用的运动矢量（Motion Vector，*MV*）信息来源的不同，FRUC 又分为 2 类，一类是通过对解码视频重新运动估计来获取 *MV*，另一类是先将低帧率视频在传统视频编码器中进行编码，然后从解码端接收到的码流中提取相邻帧的运动矢量信息，将这些运动矢量直接用于运动补偿插帧。对于第一类算法，库一（Choi）等人提出了用于丢失帧重建的双向运动补偿插帧算法，该算法中使用了低帧率视频前后两帧作为参考帧完成对丢失部分的重建[55, 56]。Kang 等人将扩展块运动估计算法用于 FRUC 技术[57]，随后还提出一种多重运动估计算法[58]。范喜红在对低帧率视频进行运动估计时使用一种基于统计的估计算法[59]，提升了运动估计的准确性。黄英修等人针对如何获得 *MV* 提出一种自适应的运动估计模型[60]。高志勇等人在运动估计时使用一种将运动分割和边缘细化结合起来的算法[61]。Cao 等人针对帧率提升提出一种多参考帧与软决策相结合的 *MV* 估算算法[62]。卡瓦尼（Kaviani H R）等人为代表的研究者通过快速光流法来估算 *MV*，也取得了一定效果[63, 64]。文献［65］中的算法在使用了较为有效的插帧算法之后，对待插帧中闭塞区域的位置进行了判断，并且在处理闭塞区域时使用了滤波。以上这些算法都是在解码端对低帧率视频进行解码后，再对所有插帧时使用的 *MV* 重新进行运动估计，再使用重新估计出的 *MV* 进行待插帧恢复。这些算法虽然能得到较好的插帧效果，但重新估计 *MV* 所带来的高计算复杂性可能阻碍他们被用于运算资源有限的设备，如手机等低功耗移动设备。与第一类算法不同，第二类算法无须在解码端对 *MV* 进行重新估计，因此降低了解码端的复杂度。但是，从码流中直接获得的 *MV* 其主要目的是用于对视频序列进行压缩的，并不一定代表真实物体的运动轨迹，所以这些 *MV* 不一定都适用于待插帧恢复。因此，要对该类 *MV* 进行进一步的处理，以使其更接近真实物体的运动轨迹。这些处理算法中，运动矢量中值滤波器（Vector Median Filter，VMF）可以用来去除运动矢量的异常值[66]。苏纳克特（Rü fenacht）等人提出了一种“运动非连续”图，在对闭塞区域进行判定时使用了基于仿射的运动估计算法[67]。鲁志红等人为了提升运动向量的准确性，使用了一种将加权运动估计和运动矢量分割综合考虑的插帧算法[68]。随后一种基于帧差异替换技术的自适应 MVR 随后被提出[69]。Song 等人进一步使用颜色深度信息的算法来恢复丢失帧[70]。使用运动矢量中值滤波来去除 *MV* 异常值的算法一般只适用于较平稳和规则的运动区域。因为这种算法是基于这样一个假设，运动矢量场（Motion Vector Field，MVF）应当是较为平滑的。然而，实际情况通常并不符合这一假设，因为视频帧中极可能包含较为复杂的运动，特别是在运动边界区域。因此，在接收到的 MVF 可能会出现不规则的运动，并使向量中值滤波处理后的 *MV* 依然不准确。此外，由于 HEVC 中使用帧内模式进行编码的块并没有 *MV* 信息，因此这些块也不能用于插帧。因此，除了 *MV* 处理，*MV* 可靠性分析也被用来纠正不可直接用于插帧的 *MV*。萨赛（Sasai）等人通过计算帧内编码块的数量、孤立 *MV* 的数量，从而决定所接收到的 *MV* 是否能可靠的用于插帧，一个视频帧中的某个编码块如包含一个不可靠的 *MV*，则此块不可用于待插帧的插值[71]。Huang 等人提出了利用视频编码中的残差信息对运动矢量场进行可靠性分类的算法。但其分类阈值为定值，不能很好地自适应不同视频的特性，并且这个算法对待插帧中的闭塞区域也未进行处理[72]。除了 *MV* 的来源，如何利用获得的 *MV* 进行插帧也十分关键。由于大多数的 FRUC 算法都是使用图像块作为运动估计的单元，因此插值后的帧很容易出现块效应。为了提供更好的视觉质量，基于重叠块的 FRUC 算法被用来平滑插值帧中的块效应[73, 74]，或者对接收到的 MVF 重新采样，使其变为更小的块，从而缩小 *MV* 之间的差异，这种算法同样可以减少块效应[75, 76]。以上基于码流中提取 *MV* 的算法，虽然降低了解码端的复杂度，但其过程未能充分发掘所用视频编码器的编码特点，故其性能有待进一步提高。

将空域超分辨算法与 JPEG、MPEG、H.264/AVC 等编码标准进行结合视频压缩编码研究已取得许多成果。先前的研究已表明，与使用诸如 JPEG、MPEG、H.264/AVC 的标准方案相比，在编码之前对视频帧进行下采样，并在视频解码之后进行上采样的视频编码方案，可以在低比特率段提升视频压缩的性能。在文献 [77]

中研究了低比特率图像编码的最佳下采样率，该文献解释了在JPEG 压缩之前进行下采样图像的好处，并且定义了最佳下采样率的理论模型。Chen 等人提出了一种基于 SR 的低比特率图像压缩框架[78]。在文献［78］中，宏块在 JPEG 编码器端进行自适应下采样。在解码器端，应用超分辨算法来恢复宏块。实验结果表明，该框架压缩效率优于 JPEG 标准。除了应用于图像压缩领域，一些基于下采样的算法也被用于许多视频压缩方案中[79，80]。在文献［80］中给出了基于宏块（MB）的自适应下采样算法和自适应上采样算法，并且给出了临界比特率的定义：在临界比特率之下，基于下采样视频编码的比率失真（Rate Distortion，RD）性能要优于标准视频编码方案。在文献［81］中，乔治斯（Georgis）等人提出了一种在编码器端对视频进行下采样，并在解码端通过SR 算法恢复视频帧的算法。他们将所提出的算法与 HEVC 相结合，所提出的算法在低码率段，其压缩性能优于 HEVC。然而，文献［81］中的算法只对某些特定的序列具有很好的效果，这些序列在视频场景中都具有相似的背景或者没有快速运动的对象。

将下采样后的视频帧恢复到原始大小的算法在过去的几十年里得到了极大的发展。视频帧恢复原始大小的算法可以分为静态算法和动态算法[82]。静态算法未使用原始大小帧之间的信息，因此恢复后的原始大小视频帧之间较难保持时间上的一致性。而类似于文献［83］和文献［84］这样的静态算法，其效果则主要取决于原始帧中的信息获取量。伊连（Callico）等人在使用超分辨率算法恢复视频帧后，使用一个视频后处理算法取得了良好的效果[85]。厄尔根（Ilgin）等人通过在DCT域中插值的算法来恢复下采样的视频帧。与H.264/AVC相比，在临界比特率以下，此算法可将H.264/AVC视频质量提高2dB左右[86]。文献［87］中的结果表明，视频帧的最佳下采样比率为2，也即下采样帧的大小是原始帧大小的1/4。在文献［88］中，针对低比特率应用提出了一种基于下采样的视频编码系统，其中帧内帧和帧间帧分别以原始大小和下采样大小进行编码。在解码之后，通过基于学习的SR算法将下采样帧调整为原始大小。巴雷托（Barreto）等人提出了将MPEG-4中的视频帧按区域进行分割，每个区域使用不同的重建算法[89]。在分布式视频编码中，也提出应用解码器端SR算法来降低编码器的复杂度[90]。在类似的其他文献中，显示了基于SR的重建可以用来增强H.264/AVC编码性能[91, 92]。上述静态算法使用超分辨率算法对每个视频帧进行独立重建，但未考虑相邻视频帧之间的高度相似性。因此，将运动估计和块补偿算法结合到基于超分辨率的动态视频编码方案应运而生。Song等人提出了一种双向叠加块运动补偿（OBMC）算法，以提高视频质量[93]。在文献［94］中研究了低比特率压缩和空/时重建的分析模型。文献［95］中提出了一种使用从关键帧建立码本的算法，取得了较好的结果。文献［96］中的工作提出了一种基于CNN的视频超分辨算法，该算法在CNN训练时既考虑了每个视频帧内部的信息，也考虑了各帧之间的运动信息，取得了良好的效果。基于纹理合成的算法通过估计原始大小帧中的缺失像素来重建帧[97]，然而这一算法重建的结果主要取决于码本中的样本，因此可能会从训练集中引入新的噪声。文献［98］中提出了一种运动估计结合相邻帧块补偿用于视频重建的算法，取得了较好的效果。上述各类想法大抵思路都是将视频分为关键帧和非关键帧，对非关键帧进行下采样，然后利用关键帧中信息来重建非关键帧。

由于视频编码时每帧的图像复杂度不尽相同，因此每帧所包含的信息量也有差异，而且同样信息量的图像在编码时如采用不同的预测编码方式，其产生的编码数据量也有较大差别。所以在实际编解码时，视频序列的每一帧数据量有较大的波动。而在传输过程中，传输带宽通常有限，当某一帧的编码数据量过大时，必然会导致视频卡顿。而数据量过小，又会造成带宽的浪费。为了在有限的带宽资源条件下，充分利用带宽资源以保持且尽量提升编码视频的质量，通常会采用码率控制的算法。文献［99］至文献［101］研究了 H.264/AVC 中的编码码率 R 和量化参数 QP 的关系，认为其服从二次多项式关系，并提出一种基于 $R-Q$ 模型的码率控制算法，认为编码码率与量化步长（Qstep）的相关性更大。Yang 等人在 H.264/AVC $R-Q$ 模型基础上进行改进，提出了一种利用缓冲区状态进行反馈调节的码率控制算法[102]。Tian 等人提出一种新的目标比特与量化参数（Quantization Parameters，QP）之间的对应关系模型[103]。针对 HEVC 标准，在文献［104］和文献［109］中提出一种基于 $R-\lambda$ 模型的码率控制算法，大大提升了 HEVC 码率控制的效果。文献［105］中提出的码率控制算法分析并建立了拉普拉斯分布参数、量化参数和拉格朗日乘数之间的关系。文献［106］中提出一种新的帧复杂度衡量算法，利用这个算法来对 HEVC 帧层比特进行分配。

目前，大多数 HEVC 码率控制算法主要是应用于帧间编码帧（P 帧）。事实上，帧内编码帧（I 帧）的码率控制更为重要。由于 HEVC 的运动补偿性能大大提高，在 HEVC 编码时，I 帧消耗的比特数远大于 P 帧消耗的比特数。这就导致 I 帧的数据量在 HEVC 中比在 H.264/AVC 中占据更大比例的通信带宽。不适当的 I 帧比特分配，I 帧比特将很可能导致缓冲区溢出。因此，已经出现了一些针对 HEVC 中 I 帧的码率控制算法。Hu 等人提出了一种使用增强学习的算法来决定编码时的最终量化参数[107]。卡尔切维奇（Karczewicz）等人提出了一种 I 帧码率控制算法，其中 I 帧的复杂度是基于绝对变换差值（SATD）的总和，该算法实现了比之前的 I 帧码率控制模型更精确的目标比特匹配[108]。随后，Wang 等人提出了一种使用梯度表征 I 帧图像复杂度的算法取得了较好的 I 帧码率控制效果[110]。然而，以上文献提出的 I 帧图像复杂度估计算法，仅使用单个帧中的空间复杂度，未考虑相邻帧之间复杂度的相关性，因此对复杂度的估计并不完善。

由于现有多媒体数据的传输存在于各种各样的网络中，而接入网络的视频资源其编码格式也非常多样化。随着 HEVC 编码技术即将实用化，如何将现在主流的 H.264/AVC 编码格式的视频转码为 HEVC 编码格式的视频成为研究热点[109]。随着视频编码技术的发展，转码的研究也经历了与时俱进的过程。HEVC 标准出现之前的视频转码算法包括将 MPEG-2 转码为 H.264/AVC 的算法[111]，将 H.264/AVC 转码为 MPEG-2 的算法[112]，以及降帧率转码[113]。

目前，已出现了许多H.264/AVC到HEVC的转码算法。2012年，提出了基于功率谱的率失真优化（Rate Distortion Optimization，RDO）转码模型，该模型通过使用RDO度量来减少CU和PU的预测数量[114]。Jiang等人根据编码复杂度将1帧分为3个区域，以此确定HEVC中CU深度和PU模式[115]。Shen等人提出了一种并行优化算法来创建一个快速的H.264/AVC到HEVC转码器，通过波前并行处理和单指令多数据来加速实现转码中的模式决策[116]。在文献［117］中，残差均匀性分析和残差绝对和（Sum of Absolute Residual，SAR）被用来在转码算法中提前决定HEVC中的CU分块模式。佩肖托（Peixoto）等人提出了一种复杂性可扩展的H.264/AVC到HEVC转码器。他们使用H.264/AVC中的运动矢量（*MV*）的相似性来决定HEVC哪一个CU应当继续分割[118]。在文献［119］的转码算法中，解码后的H.264/AVC块首先根据其运动相似性进行融合。在文献［120］中提出了基于运动均匀分析的H.264/AVC到HEVC转码算法。文献［120］中的实验结果表明，其算法可以有效减少转码的时间，然而其RD性能较不理想。上述方案均使用从H.264/AVC比特流中提取的信息，并利用这些信息进行H.264/AVC和HEVC之间的模式映射。但是，这些模式映射都取决于阈值选取或模式分类的好坏，如果这一过程不准确，则转码性能也会受到影响。此外，以上部分方案中的*MV*再利用算法也较为粗糙。

为了提供可靠性和效率都更高的转码算法，机器学习（Machine Learning，ML）算法被引入视频转码算法中，以用来解决转码中的预测和分类问题。文献［121］中提出了一种基于支持向量机（SVM）的快速宏块模式决策转码方案。佩肖托（Peixoto）等人在2014年提出了一种基于ML的H.264/AVC到HEVC的转码算法[122]，并将MV复用算法引入转码过程。这种算法可以大大降低代码转换的复杂性，但其估计准确度不够高。在文献［123］中，Xu等人提出了利用深度学习预测HEVC编码块分割的H.264/AVC到HEVC的转码算法。在文献［124］中，佩肖托（Peixoto）等人提出了基于动态阈值和内容建模的转码算法。在该算法中，序列的前k帧用于训练线性判别函数，训练好的判别函数用于在后续帧中预测CU深度。2016年，Zhang等人提出了一种基于费希尔（Fisher）判别式的H.264 / AVC到HEVC转码算法，设计了一种在线学习策略，以此来更新转码模型阈值和权重向量[125]。在文献［126］中，设计了一个基于分类器的四叉树决策算法，但其CU深度预测是通过离线数据训练的，不能很好地适应不同视频的特性。因此，这一算法难以在转码复杂度和RD性能之间取得较优地折中。

第六节　各章主要内容

第一章“绪论”。首先介绍本书的研究背景与意义、视频编码和标准的发展历史，其次介绍HEVC中的关键技术及超分辨技术，最后给出研究现状。

第二章“结合时域超分辨率与HEVC编码信息的视频编码算法”。根据视频连续帧之间的时域冗余特性，所提算法首先在HEVC编码端，抽取冗余视频帧，不进行编码，以此降低编码后数据量。在解码端利用HEVC编码产生的信息和基于时域的超分辨算法对丢弃的帧进行恢复，并利用闭塞区域检测算法进一步提升恢复帧的视频质量。所提算法在低码率段，其压缩性能高于HEVC标准。

第三章“结合空域超分辨率与HEVC编码信息的视频编码算法”。本章将关键帧和非关键帧思想引入到结合超分辨率重建的视频编码中。其主要是将输入视频序列自适应分为关键帧和非关键帧2类，关键帧按原始大小编解码，非关键帧下采样后编解码，解码后非关键帧首先利用基于深度学习的空域超分辨算法进行恢复重建。然后，给出了一种利用关键帧信息来增强恢复原始大小后的非关键帧质量的算法。所提算法在低码率段，其压缩性能明显高于HEVC标准。

第四章“图像复杂度自适应的HEVC低延迟I帧码率控制算法”。HEVC编码过程中，不同视频帧的信息量不同，导致编码后的数据量有较大波动，而实际编码传输系统通常有一定的带宽限制。为了在现有带宽资源上保持视频质量，提出了一种针对HEVC中I帧的码率控制算法。首先引入了I帧的空/时复杂度表征方式。并根据这一复杂度，对HEVC不同编码单元进行目标比特分配。同时引入缓冲区概念，通过缓冲区调节码率分配过程。由于引入了新的HEVC码率控制层，因此所提算法大大降低了缓冲区数据滞留所带来的延时，并且编码后码率相较于其他算法也更稳定。

第五章“基于机器学习的H.264/AVC到HEVC转码算法”。利用H.264/AVC码流信息和HEVC编码过程中的信息，通过机器学习算法训练出HEVC中CU深度预测器。并利用这个预测器预测HEVC编码单元的编码深度，从而跳过其他CU尺寸及PU模式的RDCost计算。此外，利用H.264/AVC中的*MV*信息，对HEVC运动估计过程进行预测。本算法在转码后视频比率失真（Rate Distortion，RD）性能基本不变的前提下，大大降低了转码复杂度。

第六章“总结与展望”。总结了本书的主要内容及对未来研究的展望。

第二章

结合时域超分辨率与HEVC编码信息的视频编码算法

第一节 引　　言

FRUC 作为一种时域超分辨算法，它能够将低帧率视频变换为高帧率视频，从而有效地提升视频压缩效率[127-129]。因此，本章提出了一种将 HEVC 与时域超分辨技术相结合的视频编码框架。根据视频帧之间在短时间内目标运动关联度较高这一特性，在 HEVC 编码端提出一种自适应抽帧（Adaptive Frame Skip，AFS）算法。传统的 FRUC 技术在解码端恢复抽取帧时需要对所有 *MV* 都重新进行运动估计，但这种方式极大地增加了视频解码端的运算量。本章提出在解码端直接提取 HEVC 码流中的 *MV* 信息，并将提取出的 *MV* 信息直接用来进行抽取帧的恢复，大大降低了恢复抽取帧过程的复杂度。对闭塞区域的处理是影响抽取帧恢复质量的又一关键因素，为了提升恢复帧的质量，本章提出一种闭塞区域检测算法，并根据检测结果对所提出的帧恢复算法进行了改进。

第二节 编码端自适应帧抽取算法

与静止图相比，视频序列有一个很大特点，即其中存在运动物体。视频中运动物体大致有 2 种类型：第一种是线性运动，如平移运动；第二种是非线性运动，如某一运动目标的突然出现或消失，称为场景突变。传统的视频抽帧算法没有考虑视频的运动特性，采用统一的抽帧策略，如隔帧抽取。对于存在线性运动的视频，连续多帧都有相似的 *MV* 信息，只是隔帧抽取并不能将待编码数据降低到最佳值。对于存在非线性运动的视频，如果将存在运动目标突现的帧进行抽取，则在重建时很难恢复，影响重建质量。基于以上原因，自适应抽帧（Adaptive Frame Skip，AFS）方案应运而生[75]。在文献［75］的方案中，一个预设的阈值规定了跳帧的数目。但这种算法使用固定阈值，不能很好地适应不同视频序列的特性。针对不同类型的视频帧，本节提出一种自适应抽帧算法。对于视频中存在线性运动的序列，增大抽帧数，进一步降低待编码帧数，减少数据量；对于存在非线性运动序列的场

景突变帧，为了保证重建视频的质量，对其进行保留不抽帧。该算法中对于如何判断一帧是否为场景突变帧采用了 2 个判别标准：平均绝对误差（Mean Absolute Error，MAE）[130] 和相对变化率（R），如式（2.1）和式（2.2）所示。

$$MAE_t = \frac{\sum_{i=0}^{m-1}\sum_{j=0}^{n-1}\left|f_t(i,j) - f_{t-1}(i,j)\right|}{m \times n} \tag{2.1}$$

$$R = \frac{\left|MAE_{t+1} - MAE_t\right|}{\left|MAE_{t+2} - MAE_{t+1}\right|} \tag{2.2}$$

其中，$f_{t-1}(i,j)$ 和 $f_t(i,j)$ 分别表示前一未抽取帧和当前未抽取帧在位置（i，j）处的像素值，m 和 n 分别表示视频帧的宽度和高度，MAE_t 表示相邻两帧对应位置像素绝对误差的均值，R 表示相邻帧场景的相对变化率。当 MAE_t 和 R 的值均大于给定的阈值，意味着连续帧之间的图像内容变化很大，则将该帧判定为场景突变帧，将该帧进行保留，不对其进行帧抽取，除此之外的其他情况则将视频帧判为普通帧，对其进行抽帧处理。依次判定视频序列中的每一帧是否为场景突变帧，当判断结果为连续几帧均为可抽取帧时，为了避免抽帧过多造成的信息损失过大，对最大抽帧数也设定一个阈值。通过对不同特性的视频进行大量实验比较，选取了性能较好的阈值，即最大连续抽帧数预设为 2，MAE_t 的阈值为 35，R 的阈值为 3 时性能最佳。具体自适应抽帧过程如图 2.1 所示。

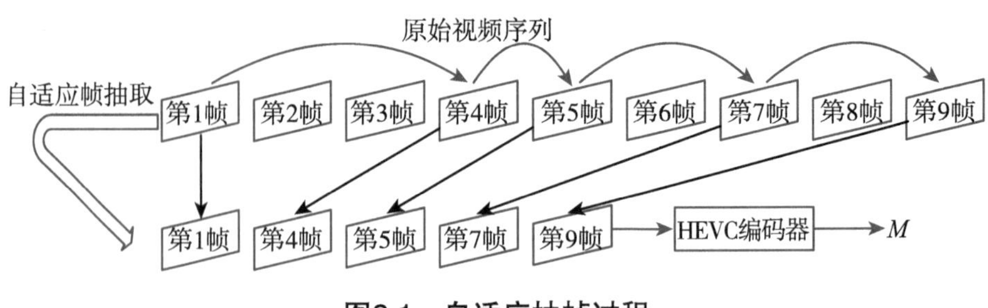

图2.1　自适应抽帧过程

第三节　基于HEVC运动估计信息的帧恢复策略研究

一、HEVC中的运动估计

HEVC 中运动估计过程如图 2.2 所示。设在 t 时刻的图像为当前帧，$t-\Delta t$ 与 $t+\Delta t$ 时刻的图像为参考帧。将当前帧和参考帧都分为互不覆盖的图像块，然后搜索当前帧中每个块在参考帧中的匹配块，并通过计算当前块与匹配块之间的相对位移来获取运动矢量[131]。

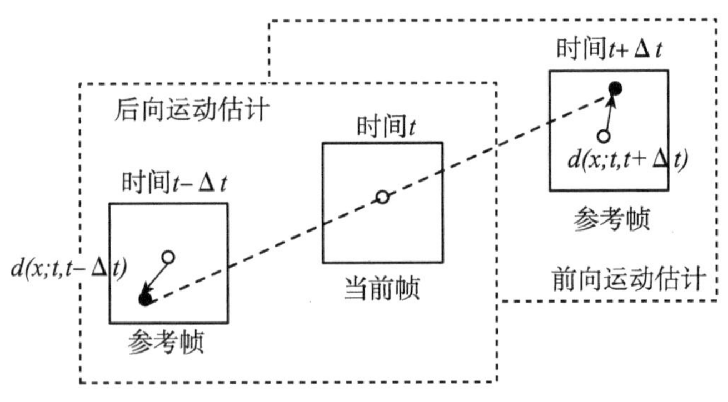

图2.2　HEVC中运动估计过程

HEVC 中运动矢量候选列表建立过程如图 2.3 所示，分别从空域和时域位置选出候选预测 *MV*。在候选 *MV* 中剔除相同的 *MV*，判断剩余候选预测 *MV* 数量是否小于 2，如果 *MV* 数量小于 2，则将零运动矢量添加进候选 *MV* 列表。最后计算 2 个候选 *MV* 的率失真代价值，选出率失真代价较小的 *MV* 作为最终的预测 *MV*。

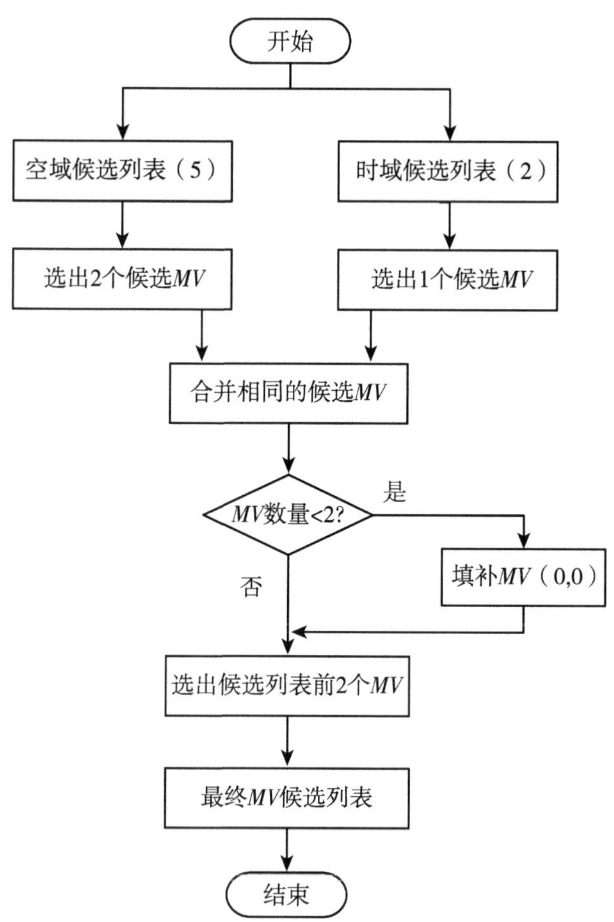

图2.3　HEVC中运动矢量候选列表建立过程

二、基于HEVC运动估计信息的运动补偿插帧

考虑视频中存在运动的特点，在对抽取帧进行重建时，结合运动信息对其进行重建能够更好描述目标物体的运动情况，重建的质量也会有所提升。通常用来描述视频中运动情况的信息是运动矢量（*MV*），因此在运动补偿插帧中也结合了 *MV* 对丢失帧进行重建。对于 *MV* 的来源，一种是对视频重新进行运动估计来获取 *MV*，但是该过程占用大量的时间；另一种获取 *MV* 的方式是从 HEVC 码流中直接提取，该方式省去了重新计算 *MV* 的时间，减少了计算量。因此，本章我们在恢复抽取帧时使用的 *MV* 就是从 HEVC 码流中获取。利用 HEVC 码流中 *MV* 进行帧恢复过程如图 2.4 所示，在 HEVC 编码端对自适应抽帧后的视频序列进行编码，在 HEVC 解码端的码流中提取 HEVC 编码的 *MV* 信息，该运动矢量并不是抽取帧 F_t 相对于未抽取帧 F_{t+1} 或 F_{t-1} 的运动矢量，而是相邻未抽取帧之间，也即 F_{t+1} 与 F_{t-1} 之间的运动矢量。

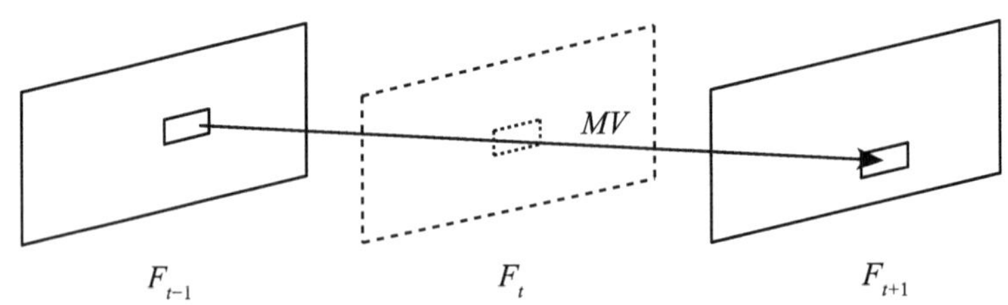

图2.4　利用HEVC码流中*MV*进行帧恢复过程

得到 *MV* 后，就需要在解码端对抽取的帧进行恢复。我们需要通过抽取帧的前后两帧运动矢量信息，估算出抽取帧对应未抽取帧的运动矢量信息，图 2.4 中 *MV* 表示从 HEVC 传输码流中获取的 2 个未抽取帧之间的运动矢量，则抽取帧相对于未抽取帧的初始运动信息由 *MV* 的一半代替。假设已知 F_{t-1} 和 F_{t+1} 之间的 *MV* 为 (V_x,V_y)，由式（2.3）可得出 F_t 相对于 F_{t-1} 和 F_{t+1} 的运动矢量，然后使用式（2.4）对抽取帧进行恢复。

$$\bar{V}_x = \pm\frac{1}{2}V_x \qquad \bar{V}_y = \pm\frac{1}{2}V_y \tag{2.3}$$

$$F_t(x,y) = \frac{1}{2}\left[F_{t-1}(x+\bar{V}_x, y+\bar{V}_y) + F_{t+1}(x-\bar{V}_x, y-\bar{V}_y)\right] \tag{2.4}$$

其中，$F_t(x,y)$ 代表抽取帧在位置 (x,y) 处的重建值，F_{t-1} 和 F_{t+1} 分别表示前向未抽取帧和后向未抽取帧，(V_x,V_y) 为码流中获得的抽取帧的前向未抽取帧（即前一时刻帧）相对于后向未抽取帧（即后一时刻帧）的运动矢量，$(\bar{V}_x,\bar{V}_y)$ 则表示由未抽取帧运动矢量信息计算得到的抽取帧相对于前后两未抽取帧的初始运动矢量。

利用 HEVC 码流中提取的 *MV* 进行插帧恢复，其帧恢复效果对比图如图 2.5 所示。图 2.5（a）为 HEVC 编码帧，图 2.5（b）为恢复后的抽取帧。从图 2.5 中可以看出，恢复出的视频帧虽然在静止区域表现较好，但在运动稍微剧烈的区域，存在明显的空洞与误插。因此，我们需要对这一算法进行改进。

(a) HEVC 编码帧

(b) 恢复后的抽取帧

图2.5 帧恢复效果对比图

第四节 结合FRUC与HEVC标准的新型视频压缩编码算法

由于从 HEVC 编码过程中获得的 *MV*，其主要目的是用于对视频序列进行压缩，也即得到最小的残差值，这些 *MV* 并不一定代表物体的真实运动轨迹。因此，这些适用于 HEVC 编码的 *MV* 在用于解码端恢复抽取帧时并不一定可靠。因此，我们要对这些不可靠 *MV* 重新进行运动估计。由上述可知，对 HEVC 解码端接收到的 *MV* 进行可靠性分类，对下一步的插帧恢复是十分重要的。

一、运动矢量分类

自适应抽帧后的视频使用 HEVC 进行编码。在 HEVC 帧间编码（INTER）模式下，可以获得相邻两未抽取帧之间的 *MV*（如图 2.7 所示为 $t+\Delta t$ 时刻帧相对于 $t-\Delta t$ 时刻帧的运动矢量信息）。

我们在获取低帧率视频编码时相邻帧的运动矢量信息的过程中，对获取的运动矢量以 4×4 块为单位进行存储。至此，（t+1）时刻帧中的每个像素位置就有了相对于（t–1）时刻帧的运动矢量信息 $MV_{m,n}$，其中（m，n）表示像素位置。

在文献［72］中指出，运动矢量的可靠性分类可利用传统编码器在编码时产生的残差能量来进行，也即当编码块的残差能量高于某个固定阈值时，这个编码块被定义为残差过高，也就是说在前一帧中并不能找到与当前块十分匹配的块，因此所对应的 MV 通常是不可靠的。然而在我们的研究中发现，很难用固定阈值界定“高残差”的标准，因为不同视频的特性是完全不同的。例如，在诸如 Johnny 和 FourPeople 的序列中，经过 HEVC 编码后，由于这些视频中绝大多数编码块是静止的，因此这些块对应的残差能量几乎为零，我们应当将这些视频序列的残差阈值设的很低。相反，诸如 Keiba 和 RaceHorses 之类的序列，其包含非常少的静止区域，因此这些序列经 HEVC 编码后，大部分块对应的残差能量较高，因此所对的阈值设置也应当为较高的值。基于以上发现，我们在本章的 MV 分类算法是使用自适应残差能量信息阈值判断 HEVC 编码 MV 的可靠性。这样，可以更好的适配不同视频的特性，进而能够更准确的对 MV 进行可靠性分类。

所提出的自适应分类 MV 算法为对于每一个非抽取帧中的某个 4×4 块（$b_{m,n}$），我们首先通过计算 $b_{m,n}$ 中所有残差绝对值的均值，得到它的平均残差能量（$AE_{m,n}$）。在我们的算法中，只考虑亮度残差，计算过程如下。

$$AE_{m,n} = \frac{\sum_{(i,j)\in b_{m,n}} |r(i,j)|}{N} \qquad (2.5)$$

其中，$r(i,j)$ 为 HEVC 编码时 $b_{m,n}$ 中的亮度残差，N 为 $b_{m,n}$ 中的像素数。然后，我们将 $AE_{m,n}$ 与阈值 Thr_1 进行比较，以确定这个 $MV_{m,n}$ 是否可靠。如果 $AE_{m,n}$ 大于或等于 Thr_1，则此 $MV_{m,n}$ 被视为是不可靠的，反之亦然。特别的，对于帧内编码的块，因为它们没有 MV，我们暂时将这些块的 MV 设置为 0，并认为它们是不可靠的。

HEVC 在进行编码时，空域或时域上相邻块的运动矢量都有较强的相关性。因此，某一个块所对应的 MV 若与其同一帧中空间相邻块的 MV 差别很大，则此块的 MV 仍有可能是不可靠的。因此，对于判定为可靠的 $MV_{m,n}$，我们计算它们与相邻 MV 的相关度。并以此来进一步判定它们是否可靠。其详细过程为首先计算当前块 $b_{m,n}$ 与其邻近 8 个块中可靠 MV 的标准差 $S_{m,n}$。

$$S_{m,n} = \sqrt{\frac{1}{M}\sum_{i=1}^{M}(MV_{m,n} - MV_{m+i,n+j})^2}, 0 \leqslant M \leqslant 8 \qquad (2.6)$$

其中，$MV_{m+i,n+j}$ 为临近 8 个块中被判定为可靠的 MV，M 为相邻的可靠 MV 的数量。由式（2.6）我们再分别计算与当前块最相邻 8 个块的标准差 $S_{m,n;i,j}$。然后，我们计算这 9 个 $S_{m,n}$ 的均值：

$$S_{m,n;Ave} = \frac{1}{9}\sum_{l=-1}^{1}\sum_{j=-1}^{1} S_{m,n;i,j} \qquad (2.7)$$

我们将 $S_{m,n}$ 与其对应的 $S_{m,n;Ave}$ 进行比较。如果 $S_{m,n}$ 大于 $S_{m,n;Ave}$，则认为 $b_{m,n}$ 所对应的 MV 与邻近块的 MV 十分不一致，因此 $MV_{m,n}$ 仍将被视为一个不可靠的 MV。在进行了残差能量和相关度判别之后，如果仍有 MV 未被分类，我们将这些 MV 视为可靠 MV。通过以上过程，MV 的可靠性分类可归纳如下。

$$MV_{m,n}=\begin{cases}\text{Reliable, if } AE_{m,n}<Thr_1\\ \text{Unrelaible, if AE}_{m,n}>Thr_1\ \&\ S_{m,n}>S_{m,n;Ave}\\ \text{Reliable, Otherwise}\end{cases} \tag{2.8}$$

在 MV 可靠性分类的基础上，我们进一步定义，若一个块中 MV 被分类为可靠 MV，则当前块被称为可靠 MV 块，反之则称为不可靠 MV 块。

由以上 MV 分类过程可知，阈值 Thr_1 的选取十分关键。在文献［72］中，其阈值为一个固定值，并不能很好的自适应不同视频帧的特性。对于不同类型视频序列的抽取帧，Thr_1 的值都应该是不同的。我们对 $AE_{m,n}$ 的数值进行分析后发现，对于不同序列的 $AE_{m,n}$ 值，其概率分布是大不相同的。如图 2.6 所示，在序列 BasketballDrive 第 40 帧中，$AE_{m,n}$ 的期望值为 0.0163，并且 $AE_{m,n}$ 值绝大多数落入区间［0，0.5］内，很少分布于区间［0.5，2.5］内。序列 Akiyo 的第 40 帧的分布却十分不同，几乎所有的区块都落到了区间［0，7］之内，$AE_{m,n}$ 的期望值为 1.4178。由以上分析我们可以得出，$AE_{m,n}$ 期望附近的值可以明显将残差能量分为 2 类，因此我们将 Thr_1 的值定为如下所示。

$$Thr_1=1.2\times \text{Exp}_{m,n} \tag{2.9}$$

其中，$\text{Exp}_{m,n}$ 为 $AE_{m,n}$ 的期望值，1.2 为调整系数。由于视频中每一帧的 $\text{Exp}_{m,n}$ 都会随着视频特性的变化而不同，所以 Thr_1 的值是在每一个视频帧进行插帧时自适应地进行调整。相比较固定的阈值，可以更好的对 MV 进行分类。

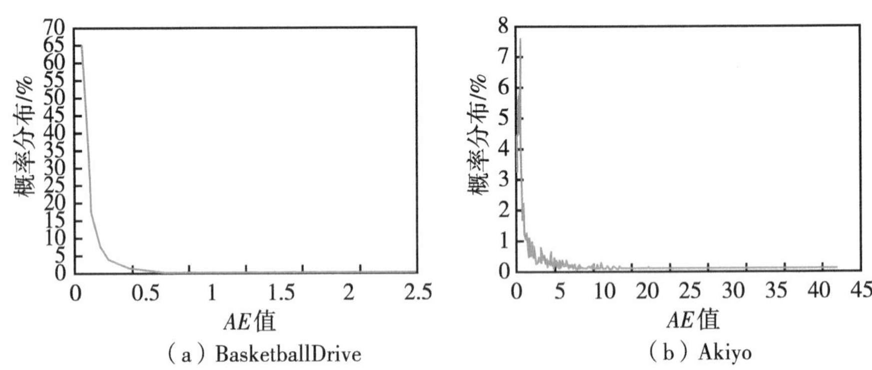

图2.6　针对2个不同序列的$AE_{m,n}$概率分布图

注：X 轴代表$AE_{m,n}$的值；Y 轴代表这些值出现的频率分布。

二、不可靠*MV*块的融合

由于在 HEVC 进行编码时，运动目标可能分属于不同的 4×4 块，所以不可靠 MV 对应的块可能会位于目标边界位置。那么对这些不可靠块进行重新估计后的 MV 有可能会出现彼此不一致的情况，进而其相对应目标的形状也会发生扭曲。因此，在对不可靠 MV 进行重新估计之前，我们将对这些不可靠块进行融合。这个块融合过程可以有效地将位于边界处的块融合在一起，避免在重新估计 MV 时产生歧义，并能在一定程度上降低块效应。

由于 HEVC 采用分层编码，每一层编码块的大小都不相同。因此，为了保证合并后的块形状差异较小，我们规定只有在同一 CU 深度下的 4×4 块才进行合并。块融合的算法为假设一个 4×4 的块为不可靠块，判断其右方、下方和右下方 3 个方向的块是否也是不可靠块，若是且这些块都属于同一 CU 深度，则将其进行融合。对于每一个待融合块，都只被融合 1 次，以保证融合后的块数量保持在一个合理的范围。以此方式循环，直到附近无不可靠 *MV* 块为止。合并后的块大小最大为 32×32 的块，这样可以保证在随后进行的 *MV* 再估计时，不会丢失图像细节。融合块时的扫描顺序为光栅扫描法。如图 2.7 所示为一个块融合的例子，假设一帧有 9×9 个 4×4 的块，我们使用光栅方式进行扫描，当扫描到第 1 个不可靠块时，则对其临近块进行判定，假设临近块包含了不可靠块，并且这 2 个块都属于同一 CU 下，则将其融合为一个大块，并称其为融合后块。如图 2.7 所示，白色块为 4×4 块，黑色块为融合后的块，灰色块为孤立的不可靠块。

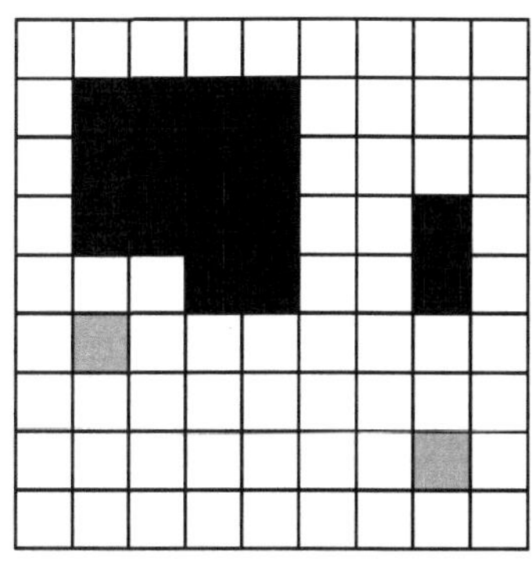

图2.7　块融合算法图示

图 2.8 为序列 Akiyo 第 21 帧经过 HEVC 编码后的残差能量分布，其中黑色代表残差接近为零的区域，灰色代表残差极高的区域，其他颜色代表残差较高的区域。我们看到，如图 2.8 所示为被标识的融合后块。由图 2.8 可得，我们提出的 *MV* 分类算法和 *MV* 不可靠块融合算法是正确且有效的。

图2.8 块融合结果图示

三、基于多连续帧的双向运动估计算法

将一部分 4×4 块的 *MV* 被判定为不适用于插帧恢复，并将这些不可靠块进行融合。对于这些融合后块，需要重新进行运动估计。传统的双向运动估计算法绝大多数都是基于相邻的两帧进行的，假设 F_{t+1} 与 F_{t-1} 分别代表后一未抽取帧与前一未抽取帧，B 为抽取帧中的待插块，S 代表块中的像素点，(V_x,V_y) 为候选运动向量，则传统的双向绝对差和（Sum of Bilateral Absolute Difference，*SBAD*）如下。

$$SBAD[B,(V_x,V_y)]=\sum_{S\in B}\left|F_{t-1}[x-V_x]-F_{t+1}[y+V_y]\right| \tag{2.10}$$

SABD 最小值所对应的运动向量(V_x,V_y)，即为所求运动向量。基于前后两帧的运动估计算法，其只能在连续的两帧中获取运动信息，因此估计出的 *MV* 准确度不是很高。而使用前后多个连续帧的运动估计算法则可以获取更多空 / 时信息，其估计出的 *MV* 准确度相应也会有所提升。因此，本章也使用多连续帧运动估计算法来对融合后块重新进行运动估计。多连续帧运动估计过程如图 2.9 所示。

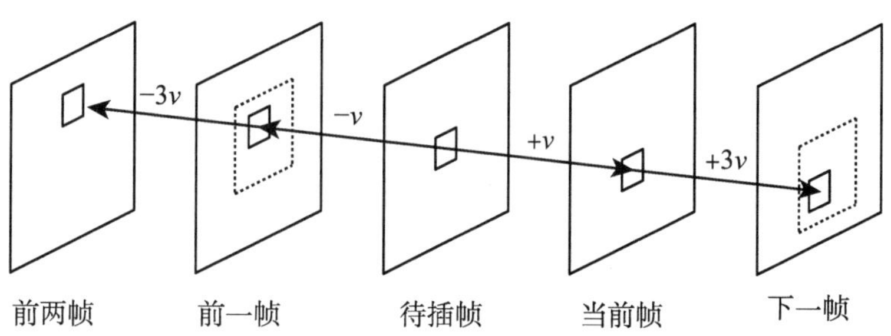

图2.9　多连续帧运动估计过程

多连续帧双向运动估计通过修改的 *SBAD*（Modified Sum of Bilateral Absolute Differences，*MSBAD*）作为匹配标准来计算运动向量。

$$MSBAD(V_x,V_y)=\sum_{x\in Bx}\sum_{y\in By}\begin{bmatrix}\alpha\left|F_{t-2}(x-3V_x,y-3V_y)-F_{t-1}(x-V_x,y-V_y)\right|+\\ \alpha\left|F_{t+1}(x+V_x,y+V_y)-F_{t+2}(x+3V_x,y+3V_y)\right|+\\ (1-2\alpha)\left|F_{t-1}(x-V_x,y-V_y)-F_{t+1}(x+V_x,y+V_y)\right|\end{bmatrix} \tag{2.11}$$

$$(V_x,V_y)=\arg\min_{(V_x,V_y)\in S}\left\{MSBAD(V_x,V_y)\right\} \tag{2.12}$$

其中，F_{t-2}、F_{t-1}、F_{t+1}、F_{t+2} 分别代表待插帧的前两帧、前一帧、下一帧和下两帧。α 为权系数因子，在实验中取 0.2。

四、运动矢量平滑

通过上面的过程，此时抽取帧可以使用基于未抽取帧的运动补偿算法进行重建。不过，据实验观察，有的运动矢量与其临近矢量十分不一致，这种运动矢量不一致的现象会造成图像伪影，降低重建帧的视频质量。因此，要继续对用于插帧的运动矢量进行优化。由于大多数的图像伪影都是因为运动向量场不连续造成的[66]，所以通过平滑运动向量是解决以上问题的有效方案。运动矢量平滑如图 2.10 所示，取抽取帧中的当前块 B 和 8 个相邻块的运动矢量的平均值作为插帧恢复过程中的运动矢量，具体计算方法如式（2.13），其中 MV_B 为当前块运动矢量，MV_k 为其相邻块运动矢量。如果该待插值块位于视频帧的边界上，则取其存在的相邻块进行平均即可，如该块位于视频的右下角位置，则在完成其 MV 平滑处理时，仅取其左方、上方和左上方 3 个块及其自身相应的 MV 进行求均值即可。

$$MV_B=\frac{\sum_{k=1}^{N}MV_k}{N} \tag{2.13}$$

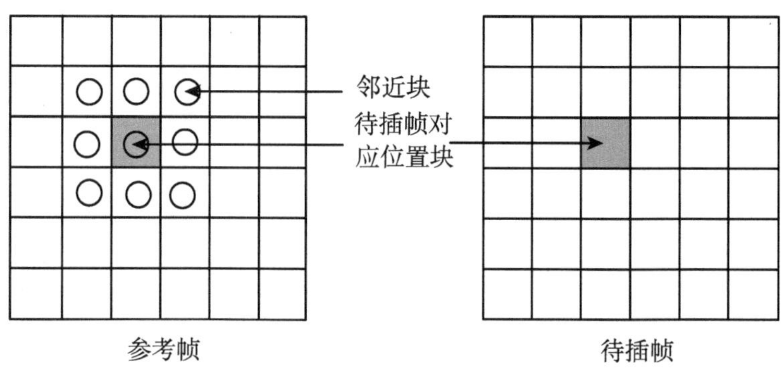

图2.10 运动矢量平滑

五、自适应块覆盖运动补偿插帧

在 *MV* 平滑过程之后，抽取帧中所有块中的 *MV* 都已确定。因此，可以遵照式（2.3）和式（2.4），由 *MV* 估算出抽取帧中 *MV* 不可靠块的像素值。然而，对于 *MV* 可靠块情况就复杂得多。由于 HEVC 中的运动矢量信息都是以不同 PU 块格式存储的，因此在插值重建 *MV* 可靠块时，如按照待插帧中的 4×4 块为单位进行插值，就会存在一个问题，即抽取帧中的 *MV* 可靠块位置有可能覆盖了未抽取帧中几个不同的 PU 块。如图 2.11 所示，视频在 HEVC 编码过程中会被分为许多不同尺寸的 PU 块，每个 PU 块都有自己的 *MV*。因此，在抽取帧的待插块位置有可能覆盖了几个不同的编码块，如图 2.12 所示。这种情况下，为减少恢复帧中出现鬼影效应，在对该待插块进行重建时，应根据 HEVC 编码时的分块模式进行综合考虑。也即使用非抽取帧中与待插块相同位置处所覆盖的不同编码块中对应的 *MV* 信息及像素信息来共同重建该待插块。此算法充分考虑 HEVC 编码分块信息，对 *MV* 可靠块分区域进行插值，可有效减少抽取帧恢复过程中的鬼影效应和块效应。本章中提出的自适应块覆盖运动补偿算法如图 2.12 所示。

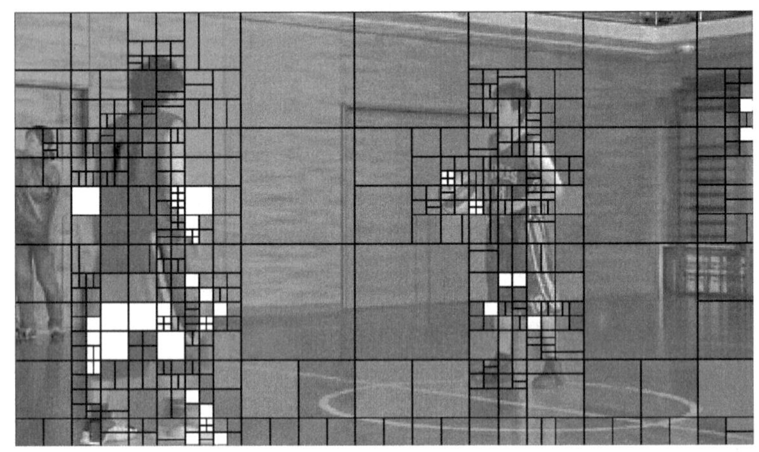

图2.11　HEVC编码块分布

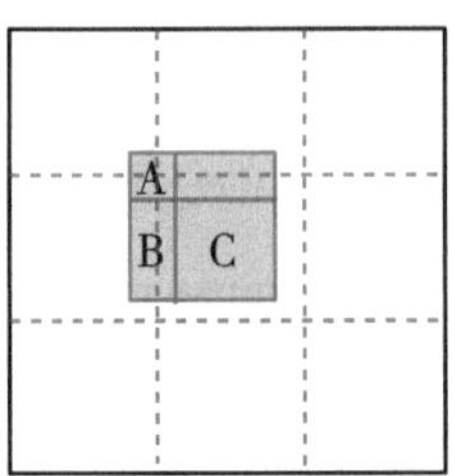

图2.12　自适应块覆盖运动补偿算法

假设图 2.12 中深色区域为待插块位置，待插块在未抽取帧中相同位置覆盖了未抽取帧中的 4 个编码块（图中以虚线分割的块）。接下来分别以其中的子块 A、子块 B、子块 C 为代表给出自适应块覆盖运动补偿插帧算法。其中子块 *A* 由于覆盖了 4 个具有不同 *MV* 信息的块，因此在对子块 *A* 进行插值恢复时就要考虑

这 4 个空域相邻块对它的影响，结合式（2.4）其过程如式（2.14）所示。

$$F_A(x,y)=\frac{1}{8}\sum_{i=1}^{4}\left[F_{t-1}(x+\bar{V}_{ix},y+\bar{V}_{iy})+F_{t+1}(x-\bar{V}_{ix},y-\bar{V}_{iy})\right] \tag{2.14}$$

其中，$F_A(x,y)$表示子块 A 的重建结果，$(\pm\bar{V}_{ix},\pm\bar{V}_{iy})$表示待插值子块 A 相对于前后两未抽取帧的运动矢量信息，因为子块 A 覆盖了 4 个编码块，重建时空域上要受到这 4 个块的影响，所以 i 取值 1~4 分别对应于这 4 个相关块，通过 4 个相关块重建子块 A，再取平均值，即为子块 A 的重建结果。同理子块 B 覆盖了 2 个编码块，子块 C 只覆盖了 1 个块，对这 2 个块地插值恢复过程如式（2.15）和式（2.16）所示。

$$F_{\mathrm{B}}(x,y)=\frac{1}{4}\sum_{i=1}^{2}\left[F_{t-1}(x+\bar{V}_{ix},y+\bar{V}_{iy})+F_{t+1}(x-\bar{V}_{ix},y-\bar{V}_{iy})\right] \tag{2.15}$$

$$F_{\mathrm{C}}(x,y)=\frac{1}{2}\left[F_{t-1}(x+\bar{V}_{x},y+\bar{V}_{y})+F_{t+1}(x-\bar{V}_{x},y-\bar{V}_{y})\right] \tag{2.16}$$

由于我们在编码端使用的帧抽取策略为自适应抽帧，在 2 个未抽取帧之间有可能会出现 2 个抽取帧的情况。针对这种情况所使用的 MV 有所不同，我们在这里给出这种情况的 MV 获得原理。如图 2.13 所示为多个抽取帧和未抽取帧之间 MV 的关系示意图。根据 HEVC 标准中多个未抽取帧之间的运动矢量缩放关系[132]，假设图中 2 个未抽取帧之间的运动向量为 MV，则第 1 个抽取帧，其对应于前一未抽取帧和后一未抽取帧的运动矢量分别为 $MV/3$ 和 $-2\times MV/3$，第 2 个抽取帧，其对应于前一未抽取帧和后一未抽取帧的运动矢量分别为 $2\times MV/3$ 和

$-MV/3$。因此，当在解码端遇到多抽取帧情况时，式（2.3）、式（2.4）、式（2.14）、式（2.15）中使用的 MV 应遵循以上分析，进行相应的改变。

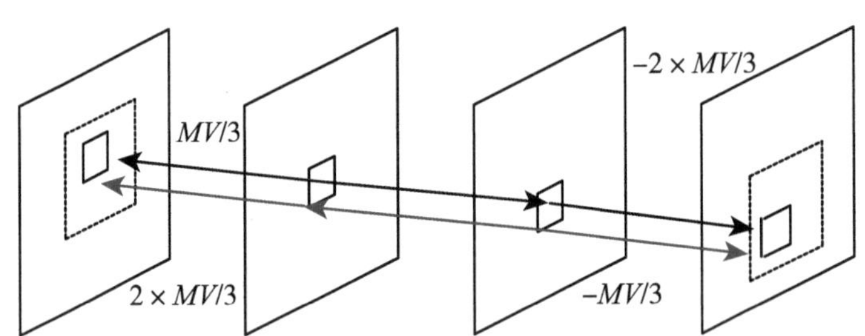

图2.13　多个抽取帧和未抽取帧之间MV的关系示意图

六、闭塞区域的处理

截至目前，我们已经讨论了如何生成抽取帧。然而，这种生成算法基于这一假设：抽取帧中所有的块都可以在未抽取帧中找到相应的块。但是，在某些情况下，运动对象可能会形成闭塞区域，记为 B_O。也即在 t 时刻，该区域存在于当前帧中，而在 t+1 时刻，该区域被其他物体遮挡，不存在于下一帧中，此区域称为遮挡区域，记为 B_C。与之相反，若在 t 时刻，该区域不存在于当前帧中，而在 t+1 时刻，该区域出现于下一帧中，则该区域称为显露区域，记为 B_U。换句话说，在相邻帧中，闭塞区域只存在于其中的一帧中。因此，对于这 2 类区域，我们应当将双向预测插帧模式改为单向预测插帧模式。待插帧中闭塞区域示意图如图 2.14 所示。在所提出的 MV 处理过程可知，可靠的 MV 意味着 HEVC 编码过程在前一帧或后一帧中都可以找到合适的匹配块。

因此，只有非可靠 MV 对应的块才有可能被认为是闭塞区域。

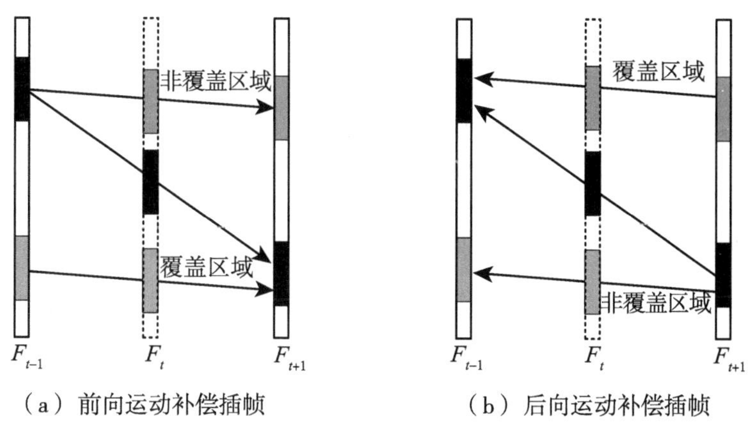

（a）前向运动补偿插帧　　（b）后向运动补偿插帧

图2.14　待插帧中闭塞区域示意图

我们利用式（2.11）中的 $MSBAD$ 值去判断待插帧中的某个块是否属于闭塞区域。由式（2.11）可知，假如 $MSBAD$ 的值非常大，这就代表着由已知的双向 MV 进行前向预测的块和后向预测的块之间差异很大，此时对抽取帧中这个块进行插值恢复，应单独使用前向 MV 或后向 MV。因此，若待插帧的某个块对应的 $MSBAD \geqslant T_O$，T_O 为一阈值，则此块为闭塞区域 B_O。经大量试验，$T_O = 32$ 时，性能最佳。当判断完毕某个块是否属于闭塞区域后，下一步需要区分该块属于显露区域还是遮挡区域。由图 2.9 可知，待插帧 F_t 参考了 4 个参考帧：前向参考帧 F_{t-1}、F_{t-2}，后向参考帧 F_{t+1}、F_{t+2}。假设待插帧某个块由 F_t 映射到 F_{t-1} 的运动矢量为 (V_x, V_y)，根据视频帧间运动的连续性，该块由 F_{t-1} 映射到 F_{t-2} 的后向矢量为 $(2V_x, 2V_y)$[133，134]。相同的映射关系也同样存在于

F_{t+1} 和 F_{t+2} 之间。因此，对于 F_t 帧内的显露区域，由于其目标同时存在于 F_{t+1} 和 F_{t+2} 中，就 F_t 中的显露区域来说，其 MV 所对应的 F_{t+1} 和 F_{t+2} 之间的匹配绝对差和 $SBAD_{t+1,t+2}$ 将远小于其对应的 F_{t-1} 和 F_{t-2} 之间的匹配绝对差和 $SBAD_{t-1,t-2}$，反之亦然。而对于非闭塞区域，由于相同的目标都存在于这 4 个参考帧中，因此其相应的匹配绝对差不会有较大的差异。基于以上原理，我们可以利用多参考帧之间的匹配绝对差和来判定待插帧中遮挡区域的类型，其判断规则如下。

$$B_O=\begin{cases}B_C, SBAD_{t+1,t+2} > SBAD_{t-1,t-2}\\ B_U, SBAD_{t+1,t+2} < SBAD_{t-1,t-2}\end{cases} \tag{2.17}$$

这里需要注意，式（2.17）中的 $SBAD$ 值可在式（2.11）中直接获得。在确定了待插帧中闭塞区域的类型后，我们对提出的双向运动补偿插值算法进行了改进，改进后的运动补偿插值算法如下。

对于遮挡区域：由于遮挡区域的目标仅存于前向参考帧中，因此式（2.4）改为如下。

$$F_t(x,y)=F_{t-1}(x+\bar{V}_x, y+\bar{V}_y) \tag{2.18}$$

对于显露区域：由于显露区域的目标仅存于后向参考帧中，因此式（2.4）改为如下。

$$F_t(x,y)=F_{t+1}(x-\bar{V}_x, y-\bar{V}_y) \tag{2.19}$$

七、本章算法具体流程

本章提出了一种结合时域超分辨率与 HEVC 编码信息的视频

编码算法，在编码端进行自适应抽帧，在解码端完成对抽取帧的重建，算法流程图如图 2.15 所示，具体流程如下。

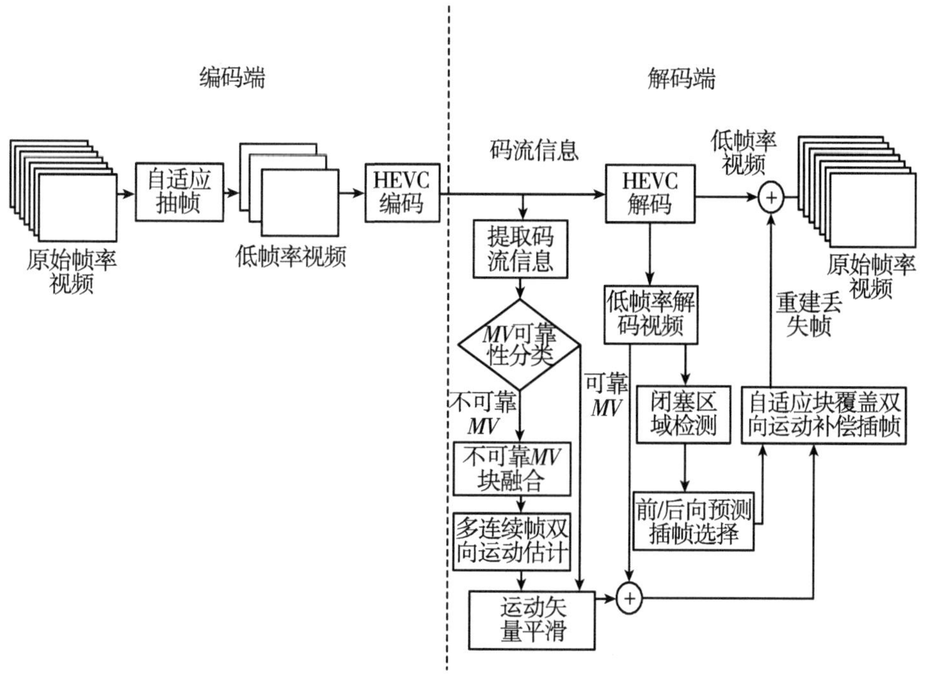

图2.15　本章算法框图

（1）在 HEVC 编码端将待编码视频序列进行自适应抽帧。

（2）抽帧后的视频通过 HEVC 进行编码，并将码流传到 HEVC 解码端，在 HEVC 解码端接收到的码流信息中，提取 HEVC 编码的运动矢量信息、编码分块信息、帧序号信息和残差信息。

（3）通过得到的运动矢量、残差、编码块信息对 HEVC 编码的 *MV* 进行插帧可靠性分类。

（4）通过获取的 HEVC 编码分块信息，将第（3）步中被判定为不可靠的 *MV* 块进行融合。

（5）利用基于多参考帧双向运动估计算法，对融合后的块重新进行运动估计。

（6）对抽取帧进行运动矢量平滑处理。

（7）对抽取帧进行闭塞区域判定。

（8）使用自适应块覆盖运动补偿插帧算法对抽取帧进行插值恢复，并遵照第（7）步中的结果对插帧过程进行必要调整。

第五节　实验结果和分析

本节针对上面提出的视频编码框架进行了一系列实验。在对抽帧后视频序列编码时选用的 HVEC 标准测试模型为 HM16.0，并且选用了 encoder_low delay_P_main 配置文件。编码深度共有 4 层（CUdepth=0~3），最大 CU 尺寸设为 64×64。实验中图像 *MV* 分类及插值的基础块大小为 4×4 像素，由于融合后的块最大为 32×32 像素，故运动估计的搜索范围为［-32，32］像素。实验选取了不同分辨率视频序列进行测试，这些视频序列包含了不同的运动特性，如含有快速运动的竞赛序列；含有镜头移动，光线强烈变化的序列；具有静态背景和一个较慢运动前景的视频会议序列。例如，Fourpeople 序列中前景人物除彼此传递物体的动作外，背景基本不动。相反，类似 Racehorse 这样的竞

赛序列通常含有一个或多个快速运动前景目标。至于 Parkscene 序列，它包含拍摄镜头的运动，Mobisode2 包含了光线明暗强烈变化。实验结果首先给出本章算法与 HEVC 标准在压缩效率上的对比。为表明本章算法与相类似算法的优势，进一步将本章算法与文献［59］、文献［67］和文献［73］中的算法进行了比较。

表 2.1 为本章算法与标准 HM16.0 比特率和 PSNR 对比实验结果。由表 2.1 结果可见，在低码率端，不同分辨率的视频序列在基本相同的 PSNR 前提下，本章算法相较于标准的 HEVC 编码算法可以明显地节省码率。为了更好地表明本章算法的有效性，我们在图 2.16 中给出了不同序列的率失真（Rate Distortion，RD）曲线图。由图 2.16 可以看出，在低码率段，本章算法重建视频的 RD 曲线位于标准 HEVC 的 RD 曲线上方。这一结果说明，在低码率段，本章所提算法的视频压缩性能要优于标准 HEVC。值得注意的是，随着 QP 逐渐减小，本章算法压缩效率的优势在逐渐减小，这是由于 HEVC 在高码率时，倾向于最终选择较小编码块进行运动估计来获得 *MV*，这样的 *MV* 数量很多，方向很复杂。因此，在丢帧后使用本章算法较难将抽取帧的 *MV* 准确度提升至与 HEVC 相同的标准。

表2.1　本章算法与标准HM16.0比特率和PSNR对比实验结果

视频序列	QP	比特率 /kbps		PSNR/dB	
		HEVC 标准	所提算法	HEVC 标准	所提算法
Akiyo 352×288	22	153.314	110.021	43.4359	42.812
	27	67.486	50.275	40.6791	40.315
	32	33.176	25.126	37.8045	37.62
	37	18.119	13.654	34.7706	34.678
	42	10.945	8.042	31.6037	31.536
	46	7.508	5.299	29.3671	29.304
BQSquare 416×240	22	2774.909	1103.085	38.7784	36.287
	27	988.141	432.422	34.4597	33.256
	32	408.941	189.386	31.2937	30.608
	37	176.344	88.25	28.2358	27.886
	42	82.812	43.283	25.1255	25.008
	46	46.075	24.144	22.6654	22.614
Mobisode2 416×240	22	170.958	84.123	44.9711	43.1
	27	83.733	41.608	42.0899	40.869
	32	44.405	21.928	39.4009	38.544
	37	25.695	12.563	36.872	36.508
	42	15.709	7.557	34.287	33.992
	46	10.424	4.874	32.2028	31.925
RaceHorses 416×240	22	1565.988	674.216	39.518	33.339
	27	742.451	331.818	35.3614	31.072
	32	348.162	156.979	31.7548	29.145
	37	168.555	76.886	28.9241	27.285
	42	86.143	39.904	26.6281	25.65
	46	47.615	21.925	24.7972	24.176

续表

视频序列	QP	比特率 /kbps		PSNR/dB	
		HEVC 标准	所提算法	HEVC 标准	所提算法
BasketballPass 416 × 240	22	1234.105	819.42	41.2931	36.918
	27	610.315	336.326	37.5313	34.697
	32	297.665	165.693	34.1246	32.419
	37	150.024	84.81	31.1994	30.229
	42	77.818	43.507	28.5986	28.042
	46	42.145	23.507	26.7489	26.443
BQTerrace 1920 × 1080	25	25192.398	9804.685	36.374	33.578
	27	13907.138	5737.056	35.3376	32.965
	32	3873.159	1832.09	33.2089	31.604
	37	1454.537	757.92	30.965	30.016
	42	591.918	327.827	28.4575	28.009
	46	292.349	166.246	26.3414	26.109
Cactus 1920 × 1080	25	11103.739	4522.302	37.2701	34.482
	27	7262.702	3080.112	36.4865	33.979
	32	3258.057	1422.696	34.3947	32.541
	37	1609.355	715.363	32.0837	30.839
	42	804.873	360.528	29.6696	28.917
	46	437.363	194.798	27.732	27.245
ParkScene 1920 × 1080	25	5434.376	2602.752	38.1704	36.718
	27	3838.895	1866.427	37.0556	35.874
	32	1647.873	828.936	34.3463	33.648
	37	720.486	365.117	31.8377	31.435
	42	300.386	154.015	29.5009	29.282
	46	137.93	70.912	27.8711	27.741

续表

视频序列	QP	比特率 /kbps		PSNR/dB	
		HEVC 标准	所提算法	HEVC 标准	所提算法
PeopleOnStreet 2560 × 1600	25	24777.153	10224.32	38.7195	33.508
	27	18464.069	7797.109	37.4409	32.804
	32	9557.851	4119.189	34.3781	31.02
	37	5432.516	2377.968	31.5548	29.289
	42	3104.988	1370.192	28.7569	27.387
	46	1895.84	839.68	26.4103	25.605
Traffic 2560 × 1600	25	9656.582	4455.371	39.8091	37.949
	27	6663.823	3176.757	38.7178	37.176
	32	2998.411	1516.101	36.0443	35.117
	37	1501.241	786.411	33.3263	32.823
	42	762.861	406.101	30.5592	30.306
	46	422.135	226.277	28.4064	28.259
FourPople 1280 × 720	25	2088.783	1750.752	41.3005	40.816
	27	1609.061	1373.808	40.4191	40.005
	32	1146.114	1001.16	38.9753	38.691
	37	533.709	470.112	34.9974	34.856
	42	300.707	265.704	31.8371	31.774
	46	181.465	159.456	29.4531	29.411

文献［79］中指出，在利用 RD 曲线评价不同视频压缩算法的压缩性能时，存在一个临界比特率点，也即不同压缩算法的 RD 曲线交错点，如图 2.16 中 2 根曲线的交错点。在本章中，这个临界比特率点是指当码率低于这个点时，本章所提算法的 RD 曲线位于 HEVC 的 RD 曲线上方，也即在码率低于此点时，本章所提

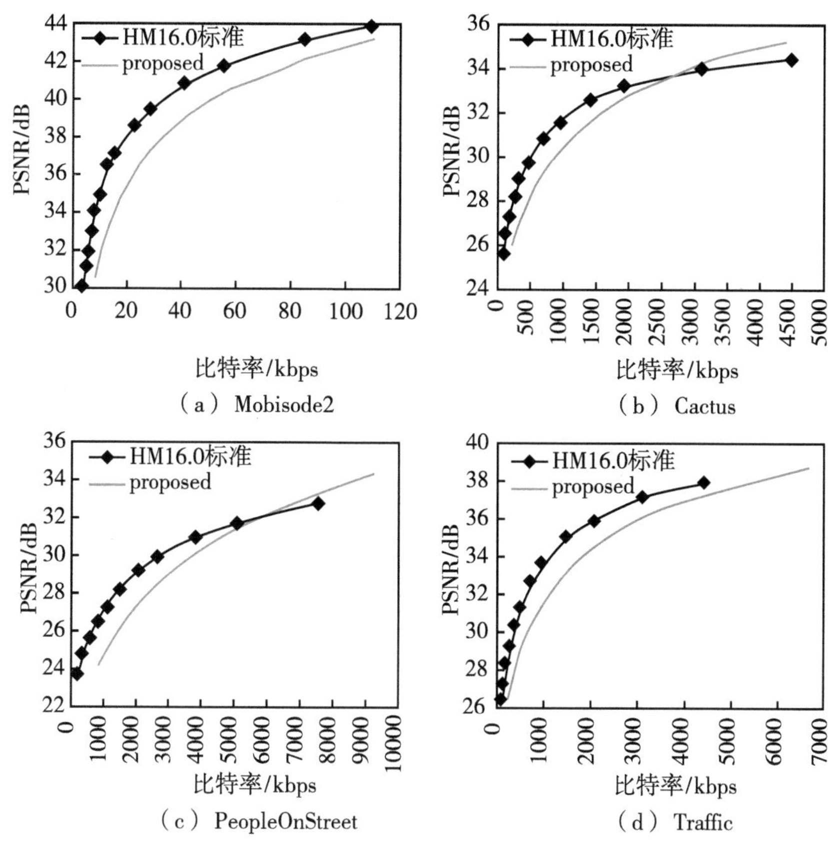

图2.16　率失真性能比较

算法的 RD 性能比 HEVC 标准更好，有更高的压缩性能。因此，为进一步表明本章算法与 HEVC 标准相比在压缩性能上的优势，我们给出了不同序列临界比特率点码率之下的 BD-rate 值，来表明在重建视频质量基本相同的前提下，本章所提的算法与 HEVC 相比，视频压缩后码率节省的百分比，表 2.2 中，BD-rate 值代表临界比特率点码率和重建视频质量下，本章结合时域超分辨率重建的 HEVC 视频编码算法相比于 HEVC 标准编码算法所节省的码率的百分比，当值为负时则表示节省了相应比例的码率。例如，对于 Traffic 序列，相比于 HEVC 编码标准，本章算法可以节省近 36% 的传输码率。针对本章所选的不同测试序列，该算法平均可以节省约 28% 码率。以上结果进一步证明了本章算法的有效性。

表2.2 本章算法与标准HEVC码率节省对比

视频序列	Mobisode2	Cactus	BQTerrace	Traffic	PeopleOnStreet	平均值
BD-rate/%	−28.9131	−28.1272	−25.8148	−35.8793	−21.5302	−28.05292

为表明本章算法与相关时域超分辨算法的优势，进一步将本章所提算法与文献［59］中算法、文献［67］中算法和文献［72］中实验结果进行了比较。文献［59］中算法提出了基于统计的算法对运动估计的区域进行自适应改进。文献［67］中算法使用仿射对插值帧进行闭塞区域判断，并且在处理闭塞区域时，使用了 VMF。文献［72］中算法利用编码器残差能量进行 *MV* 可靠性分类，其分类阈值为定值，并且对闭塞区域未进行处理。我们取不同测试序列，在不同的 QP 下使用不同算法重建视频的 PSNR 平均值如表 2.3 所示。从表 2.3 可以看出，我们提出算法重建出的视频帧，其质量是最好的。一个现象值得注意，类似于 FourPeople 这样的视频会议，其码率节约相较于其他种类的视频并不十分明显。这主要是由于在这种类似于视频会议的序列中，运动物体很少且运动较慢较平缓。而我们的算法主要是改进运动区域的重建质量，这些运动区域的增益都被数量很大的静止区域平均了。

表2.3 不同算法重建视频平均PSNR

（单位：dB）

视频序列	文献［67］中算法	文献［59］中算法	文献［72］中算法	本章算法
City 352 × 288	29.9105	27.442	29.6463	30.5332
Akiyo 352 × 288	35.8409	35.3343	35.5861	36.0422
BQSquare 416 × 240	28.6391	27.2473	28.2640	29.2765
Mobisode2 416 × 240	36.8285	35.591	36.5618	37.4897
BQTerrace 1920 × 1080	29.5007	28.0667	29.1068	30.3802
Cactus 1920 × 1080	30.3636	29.8841	30.1428	31.3339
ParkScene 1920 × 1080	31.854	30.6426	31.4128	32.451
PeopleOnStreet 2560 × 1600	29.3138	27.1563	28.9900	29.6355
Traffic 2560 × 1600	32.7634	31.1175	32.3012	33.6050
FourPeople 1280 × 720	35.0234	34.6746	34.9217	34.9255
均值	30.0034	28.8324	29.7212	30.5157

为了进一步表明本章算法在主观效果上的优势，我们在图 2.17 中给出了不同算法在基本同等码率下重建得出的视频帧效果。其中图 2.17（a）为序列 Traffic 原始视频中的第 10 帧，图 2.17（b）为使用 HEVC 直接编码的 Traffic 第 10 帧，图 2.17（c）和图 2.17（d）则分别是文献［72］中算法和文献［67］中算法重建的该帧，图 2.17（e）为本章所提算法重建的视频 Traffic 第 10 帧。为了对比结果更清晰，我们将每张图中黑色方框内的内容放大。由放大后的小图看出，图 2.17（b）中图像非常模糊，基本不能识别公共汽车后部的文字内容。图 2.17（c）中，图像稍微变得清晰，但仍较难识别公共汽车后部的文字。图 2.17（d）中，公共汽车后部的文字已基本可辨认，但仍略有模糊。由所提算法重建出的视

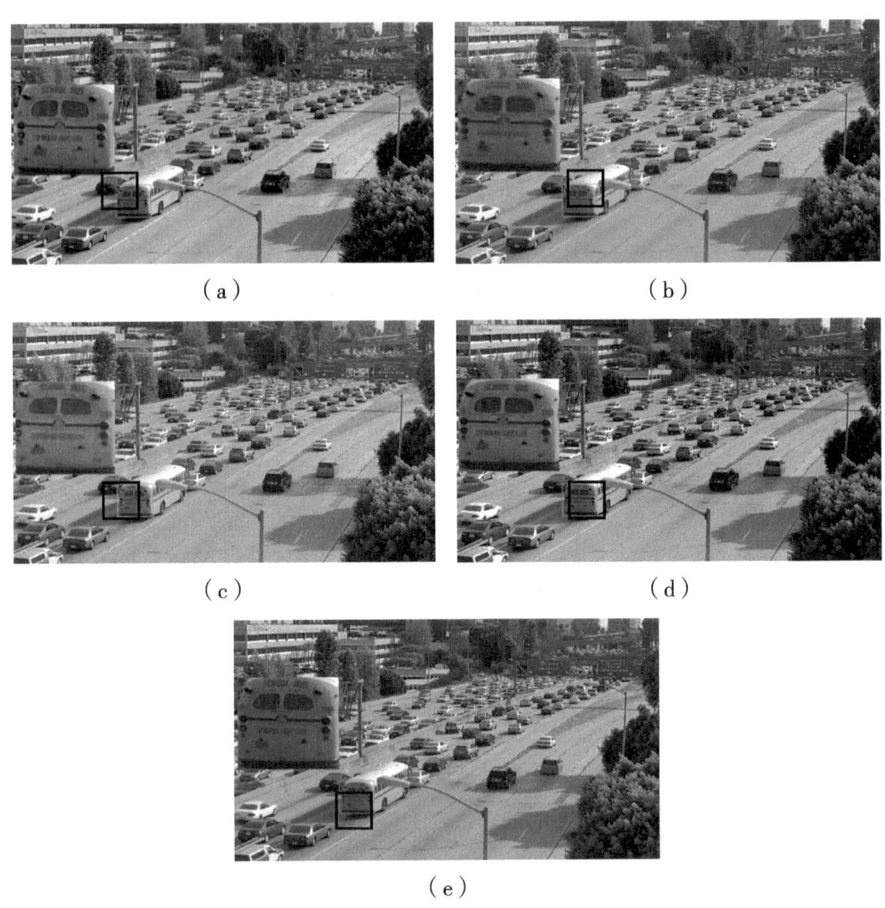

（a） （b） （c） （d） （e）

图2.17 Traffic序列主观效果对比图

注:（a）原始序列中的第 10 帧;（b）HEVC 编码的视频第 10 帧，码率为 1963.498 kbps，PSNR 为 34.4117 dB，SSIM 为 0.9308;（c）文献［72］中算法重建视频的第 10 帧，码率为 2039.595 kbps，PSNR 为 34.211dB，SSIM 为 0.9419;（d）文献［67］中算法重建视频的第 10 帧，码率为 2039.595 kbps，PSNR 为 35.212dB，SSIM 为 0.9477;（e）本章算法的重建视频的第 10 帧，码率为 2039.595 kbps，PSNR 为 35.977dB，SSIM 为 0.9520。

频帧，也即图 2.17（e），其在图中公共汽车后部的文字可清晰辨认，并且色彩对比更丰富。由此可见，本章算法重建出的视频不但客观质量较其他几种比较算法有一定优势，其重建视频的主观质量也要优于其他对比算法。

由于本章算法对原始未压缩视频进行了自适应抽帧，因此减少了 HEVC 中编码视频的帧数，更进一步，本章算法所使用的 MV 是 HEVC 码流中的信息，相比于文献［67］这种基于解码端 MV 重新估计的时域超分辨算法，本章算法无需在解码端对丢失帧的所有运动信息重新进行估计。基于以上原因，本章算法整体编解码的运算复杂度得以大大降低，进而大大降低了编解码时间。表 2.4 给出了不同算法在编解码时间方面的对比结果。式（2.20）和式（2.21）中 $T_{标准}$、$T_{改进}$、$T_{已有}$ 分别表示 HEVC 标准对视频的编解码时间、本章所提算法对视频的编解码时间、文献［67］中算法对视频的编解码时间，ΔT_1 和 ΔT_2 分别表示本章所提算法、文献［67］中算法分别与标准 HEVC 编解码时间之差的百分比。由表 2.4 中结果可以看出，本章所提算法、文献［67］中算法与标准 HEVC 相比，在整体编码过程中，平均分别节省了将近 44.41% 和 31.93% 的时间，由此表明本章算法在运算复杂度方面优势比较明显，适用于对带宽和复杂度要求较苛刻的视频应用。

$$\Delta T_1 = \frac{T_{已有} - T_{标准}}{T_{标准}} \times 100\% \tag{2.20}$$

$$\Delta T_2 = \frac{T_{改进} - T_{标准}}{T_{标准}} \times 100\% \tag{2.21}$$

表2.4 编码时间效率对比

视频序列	QP	HEVC 标准编解码时间 /s	文献［67］中算法 /s	所提算法编解码时间 /s	ΔT_1/%	ΔT_2/%
BQSquare 416 × 240	30	2321.383	1574.959	1323.862	–32.15	–42.97
	32	2123.591	1458.843	1206.993	–31.30	–43.16
	37	1761.891	1225.44	987.862	–30.44	–43.93
	42	1578.699	1102.424	865.389	–30.17	–45.18
	46	1496.628	1049.435	811.107	–29.88	–45.80
Cactus 1920 × 1080	30	27258.576	17794.85	15026.18	–34.71	–44.88
	32	24760.968	16614.96	13849.091	–32.89	–44.07
	37	23074.80	17846.83	12107.727	–35.52	–47.53
	42	18902.69	14096.08	11328.826	–25.43	–40.07
	46	17115.144	13158.44	10177.537	–23.12	–40.53
ParkScene 1920 × 1080	30	25123.935	17077.28	14303.226	–32.02	–43.07
	32	22571.299	16271.05	13491.954	–27.91	–40.23
	37	19867.730	14357.1	11571.652	–27.74	–41.76
	42	18840.991	12891.16	10087.728	–31.58	–46.46
	46	17888.754	11373.74	8625.169	–36.42	–51.78
Traffic 2560 × 1600	30	48398.788	30746.39	26880.573	–36.47	–44.46
	32	44821.159	29541.16	25681.969	–34.09	–42.70
	37	38182.105	25050.44	21192.72	–34.39	–44.50
	42	35037.483	22631.1	18787.32	–35.41	–46.38
	46	32906.494	20755.08	16879	–36.93	–48.71
均值		21201.66	14330.84	11759.29	–31.93	–44.41

第六节　总　　结

本章根据视频帧之间在一段时间内的相似性，提出了一种将 HEVC 与时域超分辨技术相结合的视频压缩框架。为了进一步降低视频序列中的帧冗余，提出一种自适应帧抽取算法，有效降低了视频经 HEVC 编码后的数据。*MV* 的获取算法是影响解码端抽取帧恢复质量的关键因素，本章算法在解码端直接提取 HEVC 码流中的 *MV* 信息，并结合码流中提取的 HEVC 编码分块信息来恢复抽取帧。具体的，直接提取 HEVC 码流中的 *MV* 信息，降低了帧恢复过程的复杂度；利用 HEVC 编码分块信息，提高了恢复帧的质量。最后提出一种闭塞区域检测算法，并根据检测结果对所提出的帧恢复算法进行了改进。实验结果表明，与 HEVC 相比，本章算法在低码率段的视频压缩性能有一定提升。

第三章

结合空域超分辨率与HEVC编码信息的视频编码算法

第一节 引　言

第二章提出的结合时域超分辨率与 HEVC 编码信息的视频编码框架中，所使用的时域超分辨算法利用了视频帧之间在较短时间内有较强相关性这一特点，其在低码率端的压缩性能超过了 HEVC。考虑到视频序列每一帧内的像素之间也存在着较强的相关性，如将下采样之后的视频帧使用 HEVC 进行编码，再在解码端将下采样后的视频帧恢复为原始大小，这样的编码过程也可以提升 HEVC 的压缩率。因此，本章将关键帧、非关键帧思想引入到结合超分辨和 HEVC 的视频编码方案中，提出了一种将 HEVC 与空域超分辨技术相结合的视频编码框架。本章框架首先给出一种自适应关键帧选择算法，在视频被 HEVC 编码之前，自适应地筛选出关键帧和非关键帧。对于关键帧不进行下采样处理，直接进行 HEVC 编码；对非关键帧先进行下采样处理，再进行 HEVC 编码。近几年，基于深度学习的空域图像超分辨算法发展十分迅猛，由这类算法恢复出的图像质量较好。因此，在 HEVC 解码端使用一种基于深度学习的空域超分辨率算法将非关键帧恢复到原始大小。最后，提出一种基于关键帧与非关键帧之间相似性的后处理算法，此算法利用关键帧中的高质量图像信息对超分辨恢复后的非关键进行质量补偿。

第二节　结合空域超分辨率与HEVC编码信息的视频编码算法

如图 3.1 所示为本章所提视频编码框架流程图。在编码器端，输入视频序列首先由关键帧（Key-Frame，KF）选择算法自适应选择出关键帧，如图 3.1（a）所示。对于关键帧，在图中标记为 V_K，不进行下采样，按原始尺寸在 HEVC 中使用帧内编码模式进行编码。由于在 HEVC 编码中，帧内编码帧的数据量远高于帧间编码帧，因此我们将文献［135］中的算法融入本章框架，以提升所提框架中帧内编码帧的压缩效率。然后，对于其他帧，我们称其为非关键帧（Non-Key-Frame，NKF），在图中标记为 V_{NK}，对

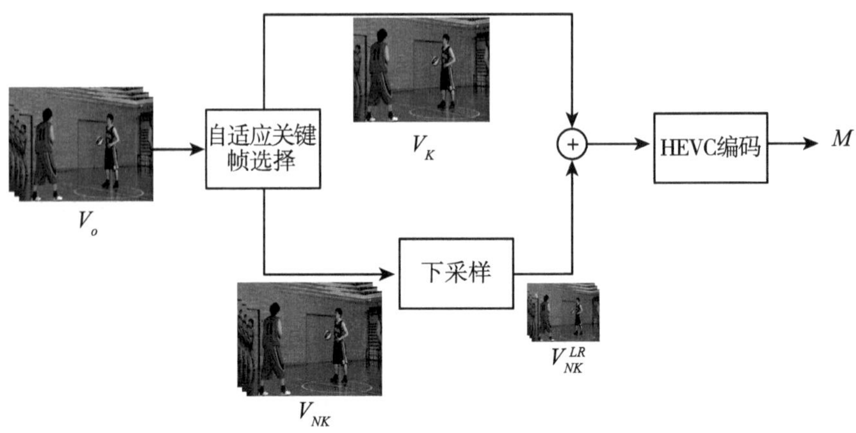

（a）编码端

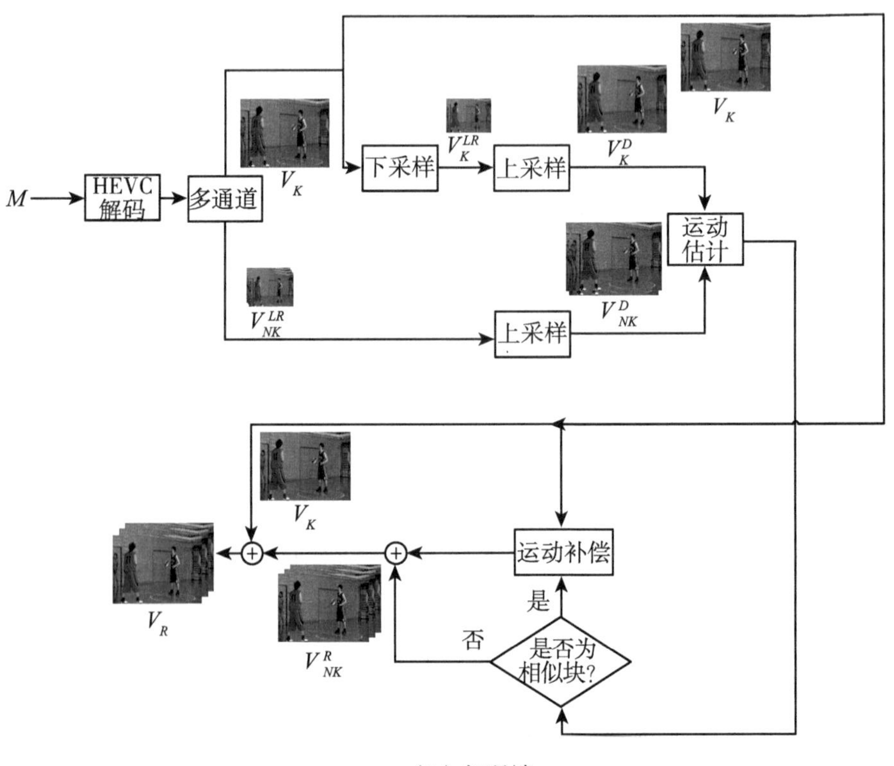

（b）解码端

图3.1　本章所提视频编码框架流程图

其进行下采样，下采样后的非关键帧称为 V_{NK}^{LR}，然后对 V_{NK}^{LR} 按照 HEVC 中的帧间编码模式进行编码。关键帧与非关键帧结构示意图如图 3.2 所示。视频编码完成后，视频码流 M 被传送到 HEVC 解码端。在解码端，接收到的 KF 和下采样的 NKF 在不同的通道进行 HEVC 解码，如图 3.1（b）所示。如果解码的当前帧是 KF，保存该帧，以作为 NKF 质量增强的参考。同时，我们对已解码的 KF 进行下采样（与编码器中应用于 NKF 的下采样处理相同），下采样之后的关键帧，在图中标记为 V_K^{LR}。然后使用基于深度学习的超分辨算法将 V_{NK}^{LR} 重建到原始分辨率。同时，采用双三次插值算法将下采样的 V_K^{LR} 重建到原始分辨率。对关键帧的这一操作的主要目的是让 KF 也经历 NKF 因下采样—重建过程所带来的质量损失过程。在这里，使用双三次而非基于深度学习的超分辨算法进行重建的原因是出于降低整个编码框架复杂度的考虑。在这个过程之后，我们得到了原始大小 KF 和 NKF 的降质版本，分别记为 V_K^D 和 V_{NK}^D。最后，我们使用基于块补偿的图像后处理（Block-Inpainting-based Post-Processing，BIPP）算法来提高 V_{NK}^D 的视觉质量，这一算法使用 V_K 中的相关信息对 V_{NK}^D 进行质量补偿，质量补偿后的 V_{NK}^D 用 V_{NK}^R 表示，并将解码的 V_K 和 V_{NK}^R 合并为一路，得到恢复为原始大小的视频帧序列。从以上过程可以看出，该框架主要包括 3 个部分：基于深度学习的超分辨算法、自适应关键帧选择算法和块补偿的视频后处理（BIPP）算法。这些算法的细节将在下一节中详细介绍。

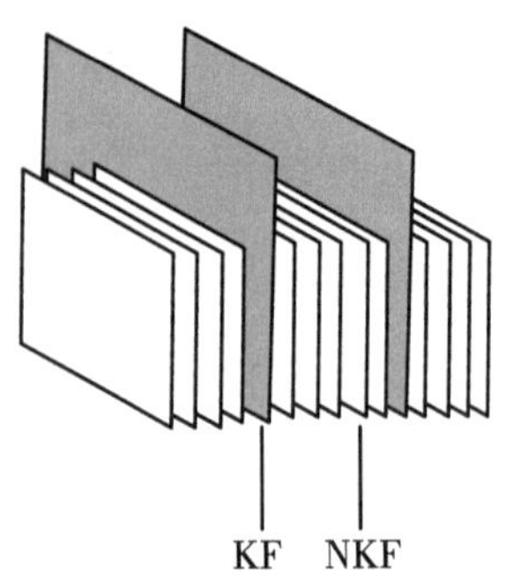

图3.2　关键帧与非关键帧结构示意图

由上述可知，在编码器端，下采样算法是所提框架中的关键步骤。JPEG 标准中的最优下采样率在文献［77］中给出。Jing 等人证明了下采样之后的视频其 RD 性能在一定的码率段优于 H.264/AVC 标准[136]。在文献［88］和文献［137］中，给出最佳的重构视频质量的下采样比率为二。因此，在本章所提出的压缩算法中，我们也采用二倍下采样方案，即下采样之后的非关键帧，其水平和垂直分辨率都为原始分辨率的 1/2。除了下采样比率外，下采样算法也会影响重建视频的质量。Zhang 等人提出了一种自适应下采样算法，此算法根据插值算法确定最优下采样算法[138]。该算法效果较好，但过于复杂。因此，我们考虑使用复杂度较低的非自适应算法来对视频帧进行下采样，如双线性下采样法、双三次下采样法、自回归模型等。其中自回归模型较为复杂，其他 2 种算法复杂度相对较低。与双线性算法相比，双三次下采样算法能更好地保留原始图像信息。所以在我们提出的视频编码框架中，使用双三次算法对视频帧进行下采样。

一、基于深度学习与梯度转换的超分辨率重建算法

为了在恢复到原始大小的非关键帧中保留更多的图像细节，本章使用一种基于深度学习与梯度转换（Deep Learning and Gradient Transformation，DLGT）的超分辨率算法[139]将非关键帧恢复到原始大小。算法的基本步骤为：首先使用 3 层卷积神经网络进行梯度转换训练，然后将梯度转换后的轮廓信息作为正则化项来约束非关键帧的高分辨的重建。

（一）梯度轮廓先验信息

梯度轮廓先验信息描述了图像梯度的形状和锐度，其定义如下。

$$\nabla I=(\partial_x I,\partial_y I)=m\cdot\overrightarrow{N} \tag{3.1}$$

其中，$m=\sqrt{(\partial_x I)^2,(\partial_y I)^2}$ 代表梯度轮廓的幅值，$\overrightarrow{N}=\arctan[(\partial_x I)/(\partial_y I)]$ 代表梯度轮廓的方向。为了获得图像的梯度信息，首先利用梯度算子 $[-(1/2),0,(1/2)]$ 与 $[-(1/2),0,(1/2)]^T$ 对图像进行卷积，分别得到一幅图像的水平梯度轮廓信息 $\partial_x I$ 和垂直梯度轮廓信息 $\partial_y I$。如图 3.3（a）所示为 2 个含有不同边缘锐度的图像，如图 3.3（b）所示为与 2 幅图像相对应的梯度幅值图[136]。由图 3.3（b）可以看出，两幅图像的边缘锐度明显不同。图 3.3（c）给出了 2 幅图像中梯度轮廓信息的变化。文献［140］的研究指出，高分辨率图像的梯度轮廓比低分辨率图像的梯度轮廓更加锐利，因此若能使超分辨率重建过程中重建图像的梯度轮廓与原始高分辨率图像的梯度轮廓接近，则重建后的图像会保留更丰富的边缘细节，进而使重建图像的视觉效果更好。

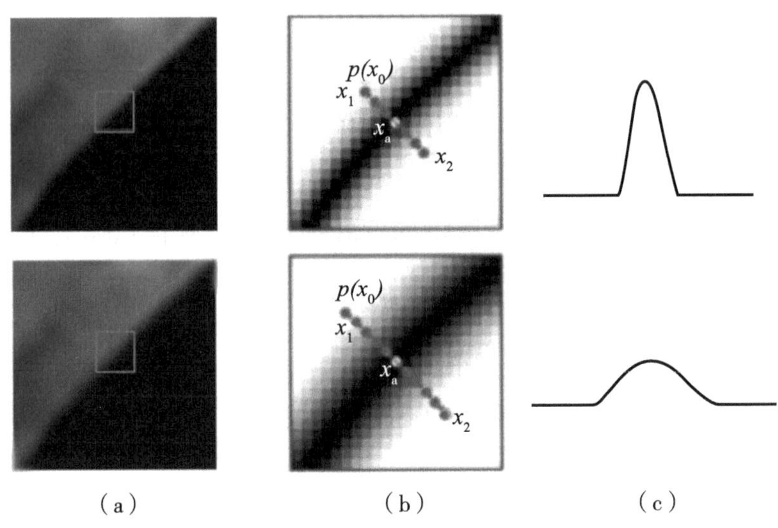

图3.3 梯度轮廓信息示意图

（二）重建过程

如图 3.4 所示为基于 DLGT 算法的原理框图。首先利用基于深度卷积神经网络的超分辨率算法（SRCNN）[46] 对输入的低分辨率图像 L 进行超分辨重建，得到原始大小图像 Y。随后利用梯度算子 $[-(1/2),0,(1/2)]$ 与 $[-(1/2),0,(1/2)]^T$ 对 Y 进行卷积，以分别得到水平方向和垂直方向上的梯度轮廓 Y_x 与 Y_y。利用梯度转换网络对 Y_x 与 Y_y 分别进行梯度转换，得到转换后的梯度轮廓 Y_x^t 与 Y_y^t。最后使用由最小化图像域约束与梯度域约束所构成的能量方程，重建出高分辨率图像 H。

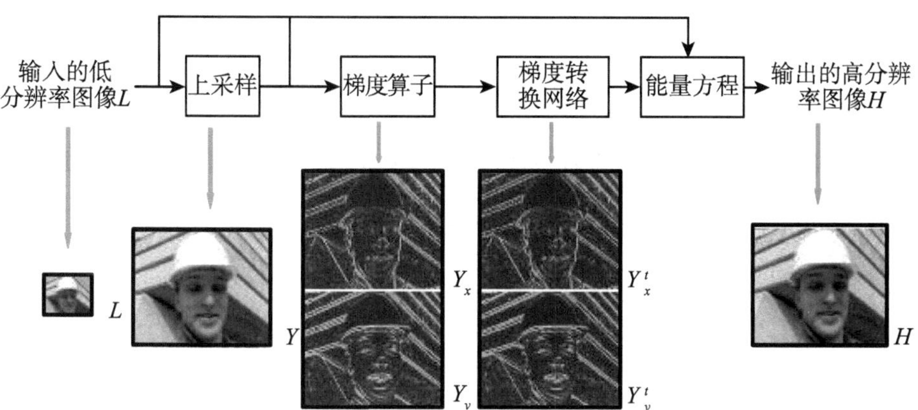

图3.4　基于DLGT算法的原理框图

为了使转换后的梯度轮廓信息更加接近于真实的梯度轮廓信息，本章使用深度卷积神经网络进行梯度转换，并将提出的深度卷积神经网络模型称为梯度转换网络，本章所使用的梯度转换网络由 3 个卷积层和与之对应的激活函数构成，具体的网络模型框图如图 3.5 所示。

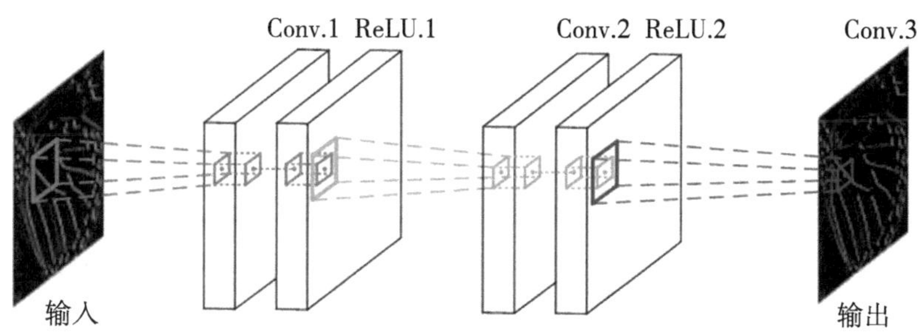

图3.5　网络模型框图

对于输入的梯度轮廓信息 Y_x，我们使用第 1 个卷积层 L_1（即特征提取层）提取输入图像的梯度特征 f。L_1 的作用过程表示如下。

$$f = W_1 * Y_x + b_1 \tag{3.2}$$

其中，$*$代表卷积操作，W_1 与 b_1 分别为卷积核与偏置项。卷积核 W_1 由 m_1 个空间大小为 $s_1 \times s_1$ 的滤波器构成，偏置项 b_1 是维度为 m_1 的向量。随后，使用 ReLU[141] 函数作为 L_1 后的激活函数。L_1 的作用过程如下。

$$f = \max(0, W_1 * Y_x + b_1) \tag{3.3}$$

使用第 2 层网络 L_2（即非线性映射层）对 f 进行非线性映射，得到转换后的梯度特征 f_t。L_2 的作用过程如下。

$$f_t = W_2 * f + b_2 \tag{3.4}$$

其中，W_2 由 m_2 个空间大小为 $m_1 \times s_2 \times s_2$ 的滤波器组成，偏置项 b_2 是维度为 m_2 的向量。L_2 得到转换后的梯度特征 f_t 为 m_2 个特征图，f_t 将用于生成转换后的梯度轮廓信息。随后，在 L_2 之后使用 ReLU 函数，将 f 的映射变成非线性映射，L_2 的作用过程如下。

$$f_t = \max(0, W_2 * f + b_2) \tag{3.5}$$

使用第 3 层网络 L_3（即重建层）将 f_t 变为成转换后的梯度轮廓 Y_x^t。Y_x^t 将被用来在超分辨重建时作为约束项。L_3 的作用过程如下。

$$f_x^t = W_3 * f_t + b_3 \tag{3.6}$$

其中，W_3 为 1 个空间大小为 $m_2 \times s_3 \times s_3$ 的滤波器，偏置项 b_3

为维度为 m_3 的向量。

在构建了梯度换网络之后，就需要通过训练得到梯度网络的参数 $\Theta=\{W_1,W_2,W_3,b_1,b_2,b_3\}$ ，我们选择转换后的梯度轮廓与真实梯度轮廓之间的均方误差（MSE）作为损失函数来训练得到网络参数，本章用标准反向传播的随机梯度下降法[142]来最小化这个损失函数。所选择的损失函数如下。

$$\min_{\Theta}\sum_{n}\| N(G_l^{\,n};\Theta)-G_x^{\,n}\|_2^2 \tag{3.7}$$

其中，G_l^n 为训练阶段输入的第 n 个梯度轮廓，G_x^n 为训练阶段的第 n 个真实的梯度轮廓，$G_h^{\,n}=N(G_l^{\,n};\Theta)$ 表示第 n 个经转换后得到的梯度轮廓。

当得到 $Y_x^{\,t}$ 与 $Y_y^{\,t}$ 后就可以使用 $Y_x^{\,t}$ 与 $Y_y^{\,t}$ 来重建高分辨率图像 H，这一过程可以通过最小化以下能量方程得到。

$$E(H\mid L,\nabla Y^t)=E_1(H\mid L)+\theta E_2(\nabla H\mid \nabla Y^t) \tag{3.8}$$

其中，∇Y^t 代表转换后的梯度轮廓信息，∇H 代表重建的高分辨率图像 H 的梯度轮廓信息。

式（3.8）中的 $E_1(H\mid L)$ 项为图像域约束，它要求输入的低分辨率图像 L 应与 H 经下采样后的图像近似。

$$E_1(H\mid L)=\| H\downarrow -L\|_2^2 \tag{3.9}$$

其中，$\downarrow$ 代表下采样操作。

式（3.8）中 $E_2(\nabla H\mid \nabla Y^t)$ 项为梯度域约束，它要求转换后的梯度轮廓信息应与 H 的梯度轮廓信息相一致。

$$E_2(\nabla H \mid \nabla Y^t) = \| \nabla H - \nabla Y^t \|_2^2 \tag{3.10}$$

使用梯度下降法来获得式（3.8）中的全局最小值。

$$\frac{\partial H}{\partial t} = \frac{\partial E(H \mid L, \nabla Y^t)}{\partial H} = -[(H \downarrow -L) \uparrow -\theta \cdot (\nabla^2 H - \nabla^2 Y^t)] \tag{3.11}$$

使用文献［140］中的迭代方案来最小化能量方程［式（3.8）］。

$$H^{i+1} = H^i - \mu[(H^i \downarrow -L) \uparrow -\theta \cdot (\nabla^2 H - \nabla^2 Y^t)] \tag{3.12}$$

其中，μ 代表迭代步长，H^i 代表第 i 次迭代输出的高分辨率图像，θ 代表 2 个约束之间的权重。

二、自适应关键帧选择

在本章所提出的压缩算法中，如果一个视频序列中的关键帧周期是固定的，那么所提出的压缩算法的压缩效率就可能并未完全被发掘出来。如果本该被下采样的关键帧仍按原始大小进行编码，那么这一部分多余的码流将被视为对传输资源的浪费。因此，我们使用自适应 KF 选择算法实现更高效的压缩性能。

经过观察，在大多数视频序列中，视频帧之间的像素是沿着时间轴而变化的。当这种变化较小时，则意味着相邻视频帧之间的场景十分相似。相反，当场景发生跳变时，这种变化就十分剧烈。鉴于这一特征，对于一个视频序列，我们预先定义最大 KF 间隔为 10。换句话说，在极端情况下，2 个 KF 之间最多有 10 个 NKF。对于一个视频序列，假设第 k 帧为 KF 帧，由最大 KF 间隔可知，第 k+11 帧也为 KF 帧。我们对第 k+1 帧到 k+10 帧执行自适应 KF 选择算法。我们定义一个数值：相对变化率（Relative Ratio of Change，*REC*），这个数值代表了视频帧之间像素值的相对变化率。我们使用 *REC* 在一个最大 KF 间隔内，自适应地选择 KF。这个间隔内的每一帧都有一个 *REC* 值。如果 *REC* 值大于阈值 T，则将该 *REC* 值对应的帧选择为新的 KF。

为了获得 *REC* 值，我们计算一个最大 KF 间隔中，最后一个 KF 和第一个 KF 之间的绝对误差和（Sum of Absolute Difference，*SAD*）。

$$SAD_{f,l}=\sum_{i=0}^{m-1}\sum_{j=0}^{n-1}|f_l(i,j)-f_f(i,j)| \tag{3.13}$$

其中，$f_l(i,j)$ 和 $f_f(i,j)$ 分别是一个最大 KF 间隔中，最后 1 个 KF 和第 1 个 KF 的像素值，m 和 n 分别表示对应视频帧的宽度和高度，$SAD_{f,l}$ 表示在一个最大 KF 间隔内，最后 1 个 KF 和第 1 个 KF 之间的差异度。与式（3.13）相同，在一个最大 NKF 区间内，每一对相邻帧之间的差异度由下式给出。

$$SAD_t=\sum_{i=0}^{m-1}\sum_{j=0}^{n-1}|f_t(i,j)-f_{t-1}(i,j)| \tag{3.14}$$

由以上两式，我们给出 *REC* 值的计算方法。

$$REC=\frac{SAD_t}{SAD_{f,l}} \tag{3.15}$$

如果 *REC* 的值高于某个阈值，则意味着 2 个相邻原始帧之间的差异度已近似于一个最大 KF 间隔中第 1 个 KF 和最后 1 个 KF 之间的差异度。因此，该帧被设为一个新的 KF。根据大量的实验统计，我们将 *REC* 值的阈值设为 0.9 时性能最佳。在极端情况下，如果我们提出的自适应 KF 选择算法在一个最大间隔内选择了过多的 KF，则这些多余的 KF 会严重影响本章压缩框架的压缩效率。为解决这个问题，我们设置在一个最大 NKF 间隔内，KF 的最高数量为 2。

三、基于块补偿的视频后处理算法（BIPP）

在本章所提出的视频压缩算法中，V_{NK}^{LR} 首先由 HEVC 进行编码压缩，在 HEVC 编码过程中，经估计、预测之后的像素残差经过 DCT 变换后，再由量化参数（QP）进行量化，因此解码后 V_{NK}^{LR} 中的一些视频信息已经被量化丢弃。我们使用了基于深度学习和梯度转换的超分辨算法来重建 NKF，相较于传统的超分辨重建算法，这一算法可以得到更好的视频重建质量。但不可否认的是，本章压缩算法的超分辨重建过程仍不可避免会损失部分视频信息。因此，经超分辨重建后的视频 V_{NK}^{D}，可见的压缩伪影和模糊边缘现象仍会存在。由于相邻视频帧之间在短时间内存在较强的内容相关性，因此视频序列中丢失的信息、细节可以通过相邻帧中最相似的块来恢复补偿[143]。基于这个理论，为了解决上述超分辨重建之后的 NKF 的质量不足问题，我们采用 BIPP 算法来提高 V_{NK}^{D} 的视频质量。基于块补偿的视频后处理算法流程图如图 3.6 所示，解码得到 V_K 和 V_{NK}^{LR}。V_{NK}^{LR} 经超分辨重建得到 V_{NK}^{D}，V_K 保存起来供重建使用。将复制的 V_K 下采样得到 V_K^{LR}，再对 V_K^{LR} 双三次插值恢复得到 V_K^{D}。将 V_K^{D} 和 V_{NK}^{D} 分割成大小为 16×16 非重叠块，然后在 V_{NK}^{D} 和 V_K^{D} 之间进行运动估计（ME），也就是说 V_{NK}^{D} 中的每

个当前块，都在其最邻近的 2 个 V_K^D 中寻找其对应的匹配块，由这一运动估计过程可以分别获得 V_{NK}^D 每个当前块对应于其最邻近 2 个关键帧的匹配块及与匹配块对应的前向 MV 和后向 MV。然后，我们计算当前块与匹配块的匹配误差。如果 V_{NK}^D 中的当前块与 V_K^D 中的匹配块之间的匹配误差很低，则意味着 V_K^D 中找到的匹配块为 V_{NK}^D 中当前块的相似块。随后，我们利用对应的 MV 在保存的原始关键帧 V_K 中找到与 V_K^D 中同位置的相似块，然后用这个 V_K 中的相似块替代 V_{NK}^D 中的当前块。如果 V_{NK}^D 中的当前块与 V_K^D 中的匹配块之间的匹配误差程度较高，则意味着对应的 2 个块之间相似度较低，因此保留经由基于深度学习和梯度转换超分辨重建后的块作为最终的视频结果块。BIPP 的细节在以下内容中给出。

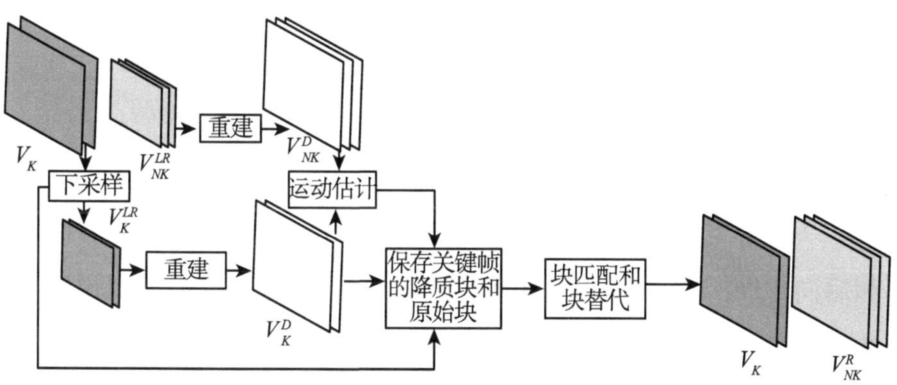

图 3.6　基于块补偿的视频后处理算法流程图

（一）运动估计

基于块的运动估计是视频编码中的常用算法。如图 2.8 所示，

首先将 V_{NK}^{D} 和 V_{K}^{D} 都分割为互不重叠的 16×16 大小像素块。V_{NK}^{D} 和 V_{K}^{D} 中的块分别被称为 B_{NKF}^{D} 和 B_{KF}^{D}，并且 B_{KF}^{FD} 和 B_{KF}^{BD} 分别为前后 2 个最邻近 V_{K}^{D} 中的块。然后遵照由式（1.1）和式（1.2）所示，使用前 / 后向运动估计算法找到 V_{NK}^{D} 中当前块在 2 个最邻近 V_{K}^{D} 中的匹配块，此时使用 SAD 值表示匹配误差。找到匹配块后，我们要对当前块与匹配块之间的匹配度进行分析，具体分析过程如下。

1. MV 初始化

由前 / 后向运动估计得到相应的前向 MV 和后向 MV，分别记为 $MV_f=(mv_{xf},mv_{yf})$ 和 $MV_b=(mv_{xb},mv_{yb})$，并且这 2 个 MV 对应的 SAD 值分别为 SAD_f 和 SAD_b。

2. 块匹配度分析

对于 V_{NK}^{D} 中每个 B_{NKF}^{D}，我们是用双向估计误差（Bidirectional Estimation Difference，BED）来决定块匹配度。

$$BED=\left|\hat{B}(x+mv_{xb},y+mv_{yb})-\hat{B}(x-mv_{xf},y-mv_{yf})\right| \tag{3.16}$$

其中，$\hat{B}(x+mv_{xb},y+mv_{yb})$ 和 $\hat{B}(x-mv_{xf},y-mv_{yf})$ 分别为前向和后向 V_{K}^{D} 中对应于 B_{NKF}^{D} 的匹配块。若 BED 的值很小，则说明当前块在连续帧之间的变化很小，也就是当前块与其前后关键帧中的对应匹配块很相似。若 BED 的值很大，则说明当前块在连续帧之间的变化比较剧烈，也就是说，当前块与前后关键帧中的匹配块匹配度较低。因此，我们将 BED 的值与 SAD_b 和 SAD_f 的均值进行比较。如果满足式 $(SAD_f+SAD_b)/2\leqslant BED$，则认为当前块与关

键帧中的对应块为相似块；如果满足式 $(SAD_f+SAD_b)/2>BED$，则认为当前块与关键帧中的对应块为非相似块。

（二）基于运动补偿修复的视频后处理

搜索到相似块之后就需要使用 V_K 中的相似块来对 V_{NK}^D 进行质量提升。与运动补偿算法类似，首先在 V_K^D 中找到与 B_{NKF}^D 最相似块的位置。随后，我们将 V_K 中这一位置处的 B_{KF} 拿来粘贴于 V_{NK}^D 中的 B_{NKF}^D 所处的位置，这一操作相当于使用 V_K 中的高质量块替换了 V_{NK}^D 中的低质量块，因此提升了 V_{NK}^D 中当前块的重建质量。由于各相邻块的运动矢量有可能不连续，因此质量补偿后的 V_{NK}^D 有可能会出现块效应。因此，我们借鉴一个基于自适应块运动补偿修复（Adaptive Inpainting-based Block Motion Compensation，AIBMC）[144] 的算法来解决这个问题。与 AIBMC 算法不同，此处使用 B_{NKF}^D 及其 4 个相邻块在 V_K 中对应的最佳匹配块来计算加权平均，如图 3.7 所示。图 3.7（a）中，灰色块是 B_{NKF}^D，B_{NKF}^D 与其 4 个相邻块彼此互相覆盖 16×8 或 8×16 像素的面积。因此，V_{NK}^R 中部分 16×16 块中的最终重建像素值都是由不同图形块加权平均获得的，这些图像块分别来自：B_{NKF}^D 在 V_K 中的相似块像素值，B_{NKF}^D 左侧或右侧在 V_K 中的相似块像素值或 B_{NKF}^D 上方或下方在 V_K 中的相似块像素值。假设 B_{NKF}^D 经运动估计后的预测 MV 是 $MV_{x,y}$，对于每一个 $MV_{x,y}$ 我们都可以获得 B_{NKF}^D 在前后 V_K 中的 2 个相似块 B_{KF}^F 和 B_{KF}^B，具体使用哪个块进行质量补偿可对 SAD_f 和 SAD_b 的值进行比较决定。若 $SAD_f\leqslant SAD_b$，则选 B_{KF}^F 进行质量补偿；若 $SAD_f > SAD_b$，则选 B_{KF}^{B} 进行质量补偿。由对图 3.6 的过程描述可知，AIBMC 用于提高当前块的质量，其过程可被视为一个块合成补偿的过程。

$$B_{NKR} = \sum_{k=0}^{4} W_k B_{KF,k} \tag{3.17}$$

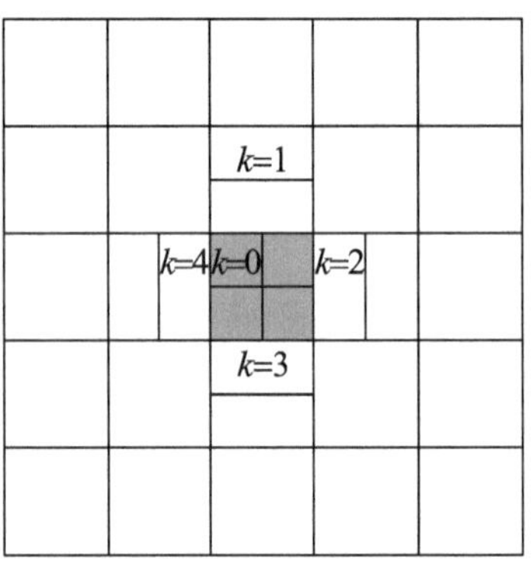

（a）

6	7	8	9	9	8	7	6
7	8	9	10	10	9	8	7
8	9	10	11	11	10	9	8
9	10	11	12	12	11	10	9
9	10	11	12	12	11	10	9
8	9	10	11	11	10	9	8
7	8	9	10	10	9	8	7
6	7	8	9	9	8	7	6

（b）

5	5	5	5	5	5	5	5
4	4	4	4	4	4	4	4
3	3	3	3	3	3	3	3
2	2	2	2	2	2	2	2
2	2	2	2	2	2	2	2
3	3	3	3	3	3	3	3
4	4	4	4	4	4	4	4
5	5	5	5	5	5	5	5

（c）

5	4	3	2	2	3	4	5
5	4	3	2	2	3	4	5
8	4	3	2	2	3	4	5
5	4	3	2	2	3	4	5
5	4	3	2	2	3	4	5
5	4	3	2	2	3	4	5
5	4	3	2	2	3	4	5
5	4	3	2	2	3	4	5

（d）

图3.7　块补偿示意图

注：（a）当前块与其 4 个相领块彼此互相覆盖 16×8 或 8×16 像素的面积；（b）~（d）当前块及其上、下、左、右 4 个相邻块的权重矩阵。

其中，B_{NKR} 为 V_{NK}^{R} 中最终的结果，W_k 为加权系数，其具体数值如图 3.7（b）至图 3.7（d）所示。加权系数由当前块和当前块临近的 4 个块产生。当前块的权重系数随着位置越靠近块边界而减小，而其临近块权重的变化则与其相反。由于在合成过程中，每个块中像素的贡献随着其位置的变化，因此最终的加权结果会明显减少块效应。

第三节　实验结果和分析

本章所提出的视频压缩框架，所使用的 HEVC 参考软件为 HM16.0。出于对比需要，当使用 HEVC 对原始视频进行编码时其量化参数集为{22，27，32，37，42，47，49}，对所提出的编码框架其量化参数集为{20，27，32，37，42，47，47}，其他 HM 中的配置选项都设置为默认值。实验所使用 PC 平台为：3.40 GHz 的 Intel Core i7 6700 CPU，64G RAM 和 8G RAM GPU 的 NVIDIA GeForce GTX 1080。本章所提出的梯度转换网络通过 CAFFE 框架[145]学习得到，网络参数设为：$s_1=9$、$s_2=5$、$s_3=5$、$m_1=64$ 和 $m_2=32$。其中涉及的动量为 0.9，学习率为 0.0001，迭代次数为 10^7 次。各自独立训练得到垂直方向和水平方向上的梯度转换网络。我们采用 BSDS500 数据库[146]作为训练集。训练之前先使用双三次下采样将每一幅图像下采样，将下采后的图像利用SRCNN算法[47]变为原始大小，随后在恢复为原始大小图像中使用梯度算子提取梯度轮廓。提取的梯度轮廓信息被分为36×36大小的块 G_l，这些块将被作为梯度转换网络中的输入。为了避免边界效应，梯度转换网络的输出为20×20的块。相应地，提取自原始图像中的真实梯度轮廓也被设为20×20的块 G_r。最后，$\{G_l,G_x\}$ 即为训练过程中所需要的训练对。

首先在图3.8中我们给出了测试视频序列的RD曲线。由图3.8可以看出，本章所提算法在低码率段的压缩性能明显超过了HEVC标准。图3.8也给出了本章所提压缩算法与HEVC标准及其他3种已有结合超分辨压缩算法（Brandi[98]、Georgis[81]、Proposed with Yang：使用Yang等人提出的超分辨算法[41]在本章框架中替代基于深度学习和梯度转换的超分辨算法）的RD曲线比较，由图3.8可以看出，本章提出的算法其RD性能要优于其他3种算法。由第二章内容可知，存在一个针对HEVC的临界比特率，由图3.8中可以看出，对于Traffic这种2560×1600的高清序列，本章所提出的视频压缩算法，其相较于HEVC的临界比特率可达到10.17 Mbps，这一值远高于其他3种算法相较于HEVC的临界比特率：7.84Mbps、6.55Mbps、4.54Mbps。与HEVC标准相比，对于Traffic序列，本章压缩算法在7.4Mbps码率的PSNR超过HEVC标准3.04dB。对于较低分辨率的视频序列，如1920×1080大小的Cactus序列，本章算法的临界比特率可达到3.34Mbps；对1280×720大小的

FourPeople 序列，本章算法的临界比特率可达到 4.07 Mbps。由图 3.8 中 RD 曲线可看出，随着比特率的增加，本章所提算法的 RD 曲线将逐渐低于 HEVC 的 RD 曲线。这一现象的主要原因是，随着比特率的增加，HEVC 在编码下采后的低分辨率视频帧时，选择 skip/direct 模式的概率在逐渐减小。而这一模式选择的趋势，使本章所提出的基于超分辨与块运动补偿修复算法重建视频的有效性降低。表 3.1 显示了不同算法与 HEVC 相比时低于临界比特率时的平均 PSNR 增益（Bjøntegaard delta peak signal-to-noise rate，BD-PSNR）[167]。可以看出，与其他已存在的算法相比，本章所提算法可以实现更好的压缩性能。对于 Parkscene 序列，本章所提算法的 BD-PSNR 的均值比 Georgis 算法[81]高 1.6365 dB，比 Brandi 算法[98]高 0.999 dB，比 Kappeler 算法[96]高 0.6118 dB。而对于 Cactus、Fourpeople 和 Johnny 这样的序列，使用 Georgis 的算法很难获得满意的视觉效果。而对于这些序列，本章所提出的算法显著提高了这些视频序列重建后的 PSNR。我们将以上结果与第二章中的试验结果进行对比，以 Cactus 序列为例。Cactus 序列用本章所提框架编码后，其临界比特率可以达到 3.34Mbps。使用第二章所提算法压缩后的 Cactus 序列，其临界比特率为 2.763 Mbps。由此可见，本章所提压缩框架在低码率段的视频压缩率优于第二章所提压缩框架。

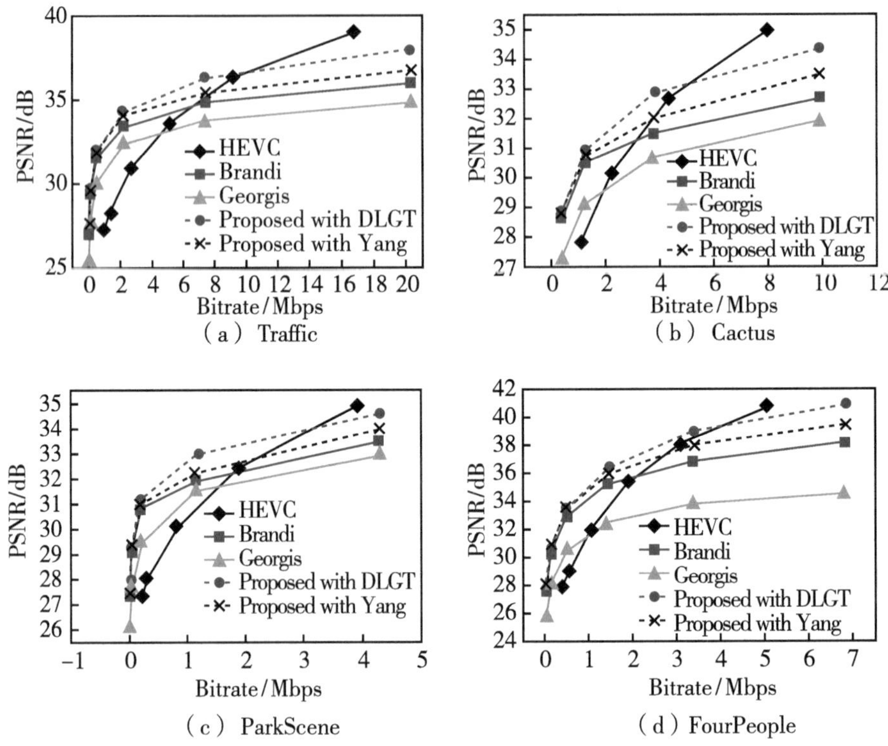

（a） Traffic （b） Cactus

（c） ParkScene （d） FourPeople

图 3.8　率失真性能比较

注：其中 Proposed with Yang 表示将本章所提算法中的超分辨算法替换为 Yang 提出的超分辨算法[41]，Proposed with DLGT 为本章所提算法。

表3.1　对比HEVC标准的平均PSNR增益

分辨率	视频序列	布兰迪[98]/dB	葛吉斯[81]/dB	卡普拉尔[96]/dB	本章所提算法 /dB
2560p	Traffic	2.2457	1.2377	1.9502	3.2447
	PeopleOnStreet	1.9177	1.9708	2.0467	2.7006
1080p	ParkScene	2.4940	1.4836	2.6089	3.0639
	Cactus	1.4775	0.4930	1.8947	2.1048
720p	FourPeople	1.6414	0.8384	1.9916	2.9151
	Johnny	1.5480	0.7864	1.8475	2.5996
均值		1.8873	1.1349	2.1596	2.7714

表 3.2 中给出了不同算法相较于 HEVC 的临界比特率。从表 3.2 可以看出，与其他算法相比，本章所提出的算法针对所有测试序列，临界比特率都是最高的。这意味着本章所提出的算法可以在低码段能有效地提高 HEVC 的压缩效率。表 3.2 中存在一个重要现象：针对不同内容和特性的视频序列，本章所提压缩算法有着不同的性能表现，即对于 Traffic 序列，其临界比特率可以达到 10.1732 Mbps，对于 PartyScene 序列，其临界比特率也可以下降到 1.3018 Mbps。总的来说，实验结果表明，具有快速运动目标和较少空间纹理的视频，非常适合所提出的算法。关于视频运动剧烈程度与本章所提算法性能之间的关系，可以由 Cactus 和 BQTerrace 这 2 个视频序列的实验结果得出。这 2 个视频序列具有相似的纹理特性，但是具有不同的运动强度。从表 3.2 可以看出，Cactus 显示出更好的重建结果，这是因为在用 HEVC 编码这 2 个序列时，HEVC 使用 skip/direct 模式的占比是不同的；当 2 个序列都使用 QP = 37 的量化参数在 HEVC 中编码时，Cactus 和 BQTerrace 中使用 skip/direct 模式进行编码的编码单元在所有编码单元中的比率分别为 54% 和 90%。这意味着对于 BQTerrace 序列，本章所提算法没有太大的改进空间，因为 HEVC 中的 skip/direc 预测已经相当准确了。

表 3.3 给出了本章视频压缩算法中，不同模块对整体性能的贡献。表 3.3 比较了使用本章提出的完整压缩算法（表示为使用后处理）重建视频的 PSNR 与仅使用基于深度学习与梯度转换超分辨算法（表示为未使用后处理）重建视频的 PSNR，以及使用

完整算法时相较于部分算法的 PSNR 增益：ΔPSNR。由表 3.3 可以看到，与部分算法相比，完整算法的 PSNR 都有所提升。这个结果证明了 BIPP 算法在所提出的模型中是有效且关键的。

表3.2 临界比特率对比

分辨率	视频序列	布兰迪[98]/Mbps	葛吉斯[81]/Mbps	本章所提算法中的超分辨算法替换为 Yang 等人提出的超分辨算法[41]/Mbps	本章所提算法/Mbps
2560p	Traffic	6.5512	4.5354	7.8425	10.1732
	PeopleOnStreet	5.8376	4.6390	6.5232	7.5510
1080p	ParkScene	1.7114	1.5139	2.0690	3.3450
	BQTerrace	1.9018	1.3579	2.3118	2.9961
	Cactus	3.2365	2.0287	3.8399	5.0840
720p	FourPeople	2.1227	0.9668	2.7655	4.0753
	Johnny	0.7589	0.5500	0.8956	1.3966
480p	PartyScene	0.9254	0.5496	0.9947	1.3018
	BQMall	0.9202	0.5353	1.2094	1.6227
均值		2.4730	1.7195	2.9380	3.8720

表 3.3 不同模块之间的PSNR增益

分辨率	视频序列	QP	未使用后处理 /dB	使用后处理 /dB	ΔPSNR/dB
2560p	Traffic	37	30.0769	32.0304	1.9535
		42	27.616	29.6424	2.0264
		47	25.2491	27.1879	1.9388
		49	24.4105	26.3088	1.8983
1080p	Cactus	37	29.2234	30.8895	1.6661
		42	27.2388	28.8261	1.5873
		47	25.3097	26.7890	1.4793
		49	24.6046	26.0247	1.4201

续表

分辨率	视频序列	QP	未使用后处理 /dB	使用后处理 /dB	ΔPSNR/dB
1080p	BQTerrace	37	26.5594	28.3594	1.8000
		42	24.7527	26.5098	1.7571
		47	22.785	24.5821	1.7971
		49	22.1051	23.7874	1.6823
720p	Johnny	37	33.3709	35.2831	1.9122
		42	31.1858	33.0553	1.8695
		47	28.8825	30.7811	1.8986
		49	27.8791	29.8198	1.9408

除以上客观视频质量比较外，主观结果比较也是评估视频质量的重要标准，图 3.9 给出了不同序列的主观结果比较。出于进行公平比较的考虑，同一序列所选帧均具有几乎相等的比特率。在图 3.9 中，将所选定的比较区域放大，以便更好地比较。由图 3.9 中主观质量结果可看到，本章所提算法重建的帧与直接使用 HEVC 编解码得到的视频帧相比，其视频质量更清晰，特别是在所选定的区域。另外，对于这些图中的所有区域，我们的算法具有良好的主观质量，保留了更好目标边缘和更多的细节。

表 3.4 给出不同视频使用本章所提算法编解码所用时间与使用标准 HEVC 编解码及其他超分辨算法所用时间的时间变化对比（ΔT），ΔT 的计算可见式（3.18），其中 $T_{本章算法}$ 为使用本章算法编 / 解码时间，$T_{标准HEVC}$ 为使用 HEVC 编解码视频的编 / 解码时间。由于在编码端，未涉及不同的超分辨算法，因此 3 种算法的编码时间相同。相较于 HEVC 编码，本章所提算法编码 Traffic 序列的时间可

（a） （b）

（c） （d）

（e） （f）

图3.9 主观结果比较

注：（a）Traffic序列使用HEVC编解码结果，PSNR=30.86 dB，Bitrate=2.784 Mbps；（b）Traffic 序列使用本章所提算法重建的结果，PSNR=34.62 dB，Bitrate=2.246 Mbps；（c）Cactus 序列使用 HEVC 编解码结果，PSNR=27.80 dB，Bitrate=1.078 Mbps；（d）Cactus 序列使用本章所提算法重建的结果，PSNR=30.11 dB，Bitrate=1.132 Mbps；（e）PartyScene 序列使用 HEVC 编解码结果，PSNR=22.19 dB，Bitrate=0.514 Mbps；（f）PartyScene 序列使用本章所提算法重建的结果，PSNR=23.22 dB，Bitrate=0.513 Mbps。

减少约 30.5%。原因是本章算法的非关键帧，在送入 HEVC 编码之前是下采样为 1280×800 大小。由于编码帧分辨率大大降低，因此编码时间也会有相应的降低。另外，由于在本章算法中，关键帧未进行下采样，编码时间的减小量未能达到 50%。在解码端，每个低分辨率的非关键帧都要使用超分辨算法进行重建，并且 *MV* 估计和块补偿过程也要应用到这些非关键帧中。尽管本章所使用的基于深度学习的超分辨算法，其视频帧重建速度比传统的超分辨算法快很多（与之相反，类似于 Yang[41] 这样的传统超分辨算法，其超分辨重建所需时间为本章使用超分辨算法的 1.5 倍左右）。然而，在本章算法中，运动估计过程和 *MV* 分类过程需要应用于一帧中的所有块。因此，当本章算法的解码时间与 HEVC 解码时间相比，增加约 6493.2% 的时间。尽管本章算法在解码端增加了计算复杂度，然而在一些序列中，本章算法编解码总时间相较于直接使用 HEVC 进行视频编解码总时间还是有所减少。

$$\Delta T = \frac{T_{\text{本章算法}} - T_{\text{标准HEVC}}}{T_{\text{标准HEVC}}} \times 100\% \tag{3.18}$$

表 3.4 编/解码复杂度比较

分辨率	视频序列	本章所提算法使用双三次算法重建视频		本章所提算法中的超分辨算法替换为 Yang 提出的超分辨算法[41]		本章所提算法		
		解码端时间 ΔT/%	编 / 解码总时间 ΔT/%	解码端时间 ΔT/%	编 / 解码总时间 ΔT/%	编码端时间 ΔT/%	解码端时间 ΔT/%	编 / 解码总时间 ΔT/%
560p	Traffic	25.6	–30.2	17863.1	52.4	–30.5	6493.2	–0.3
1080p	Cactus	26.9	–27.6	36397.0	13797.9	–27.9	5529.2	–1.8
720p	FourPeople	67.9	–4.0	24308.0	105.8	–10.4	8835.0	30.2
480p	PartyScene	22.8	–40.6	8042.6	9.8	–41.0	3261.9	–20.2
均值		35.8	–25.6	16002.9	9141.3	–27.4	6029.8	2.0

第四节 总　　结

本章根据视频帧内像素之间存在较强相似性，提出一种将HEVC与空域超分辨技术相结合的视频编码框架。首先应用一种混合分辨率视频帧算法，在视频被HEVC编码之前，自适应地筛选出关键帧和非关键帧。对于关键帧不进行下采样处理，直接进行HEVC编码；对非关键帧先进行下采样处理，再进行HEVC编码。在解码端，HEVC解码后的非关键帧先由基于深度学习和梯度转换的超分辨算法重建为原始大小。随后，提出一种基于运动估计的后处理算法，该算法提取关键帧中的信息，以用来自适应地补偿超分辨重建后非关键帧的质量。实验结果表明，本章所提算法的视频压缩率在低码率段较为明显地超过了HEVC标准。

第四章

图像复杂度自适应的HEVC低延迟I帧码率控制算法

第一节 引 言

在实际的视频编码传输系统中，视频传输不仅受编码数据量的限制，也受视频传输带宽的限制。由于视频序列每帧复杂度不同，因此每帧经 HEVC 编码后所产生的数据量也不同，这就使视频在实际编码时每一帧的编码码率大小有波动，当某一视频帧的编码码率超过带宽时就会产生视频卡顿的情况，若其编码码率过小又会造成带宽的浪费。为了让视频编码码率与传输信道的传输能力更佳地适配，从而充分利用带宽资源，码率控制技术应运而生。在实时视频通信系统中，端到端的延迟也会影响视频的接收质量。在文献［147］中，已经建立了视频编码的 RD 特性与视频通信延迟之间的关系。此模型显示了端到端通信延迟如何影响视频编码的 RD 性能。进一步地，在实时视频通信中，每帧的实际编码比特并不总是与传输带宽相匹配，为了克服这一问题，在编码端设置了用于临时存储编码比特的缓冲区。缓冲区可以在一定程度上解决带宽匹配问题，但由其造成的缓冲延迟却导致了额外的视频端到端传输延迟。由于整个视频通信延迟所涉及的信道传输时延是不可预知的，因此需要减少编码区端缓冲区所造成的延迟。目前，视频电话和室内无线视频连接（如数字电视与人机互动游戏机的连接）等实时视频通信应用都必须满足较低的端到端视频传输延迟。对于这些应用场景，缓冲区大小必须足够小以确保较低的延迟。然而，一般来说，现有低延迟码率控制算法的缓冲区大小比编码单个视频帧所产生的比特大得多。即使编码器和解码器侧的缓冲区大小等于编码单个视频帧所产生的数据量，在不考虑传输延迟的前提下，其总的端到端延迟也最小为 2 个帧的数据延迟。此外，目前 HEVC 的码率控制算法大多数集中在针对 P 帧进行码率控制，但由于 I 帧的数据量要远远大于 P 帧，因此由 I 帧引起的数据延迟将会更大，因此面向 I 帧的低延迟码率控制算法更显示出其重要性。

为了解决以上问题，本章提出了一种图像复杂度自适应的 HEVC 低延迟 I 帧码率控制算法，其主要目的首先是使同一编码类型帧的编码数据量尽量接近，从而满足传输带宽的限制，同时降低因缓冲区数据滞留所造成视频传输延迟，提升在视频实时传输时的用户体验。首先，提出一种综合考虑空 / 时信息的 I 帧图像复杂度表示算法。其次，基于所提出的复杂度估计算法，在编码比特率和复杂度之间建立了一种数学模型。最后，为了满足低延时要求，提出了一种自适应比特分配方案。与现有的 HEVC 需要得到整帧信息方可开始码率控制的算法不同，本章算法中一旦得到每一个 I 帧的第一个 LCU 行信息，就可以开始码率控制，因此大大降低了缓冲区数据量。实验结果表明，与 HEVC 中的现有 I 帧码率控制方案相比，本章所提出的码率控制方案，其数据缓冲区内的视频数据可一直位于很低的水平，大大降低了因缓冲区数据滞留而带来的端到端延迟，同时编码后的视频数据也具有良好的稳定性。

第二节　HEVC码率控制原理及模型

一、码率控制基本原理

码率控制能够使视频编码器实现在保证最佳视频编码质量的同时，产生与当前传输信道带宽相匹配的码率。在视频编码中，视频经过帧内预测或者帧间预测得到残差，然后通过量化达到压缩的目的。量化后的数据经熵编码得到待传输的码流。在整个编码过程中，使用量化过程来调节编码比特，编码比特的多少直接影响编码质量，使用量化参数（QP）来控制量化过程。量化步长越大则编码后的比特数越少，图像质量就越低。

此外，码率控制算法也根据信道带宽的状态和缓冲区占用情况对一个图像组（Group of Picture，GOP）、一帧或者编码单元进行目标比特分配，根据目标比特计算帧或编码单元的量化参数，使编码后实际比特数能够尽量接近码率控制算法分配的目标比特数。如图 4.1 所示为码率控制模块在视频编码通信系统中的位置[148]。

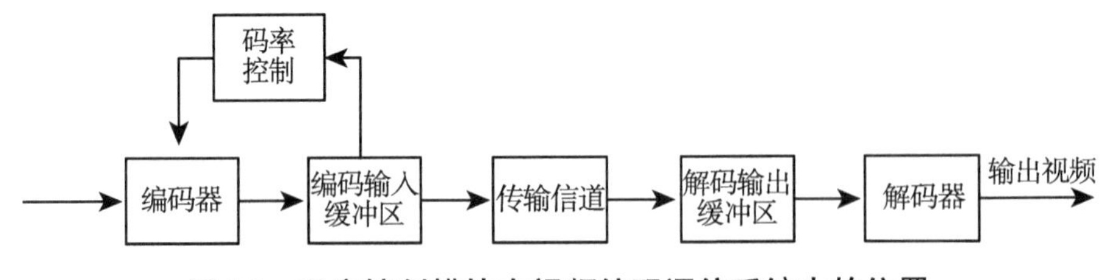

图4.1 码率控制模块在视频编码通信系统中的位置

二、HEVC码率控制模型

随着 HEVC 标准的发展和完善，HEVC 的码率控制模型也在逐步改进。HEVC 先后采用了 3 种码控模型：$R-Q$ 模型、$R-\rho$ 模型、$R-\lambda$ 模型。接下来，我们将对这 3 种模型进行简要介绍，并比较其各自的优缺点。

（一）$R-Q$ 模型

$R-Q$ 模型是 HEVC 标准最初采用的码率控制模型，其核心思想是在码率 R 和量化参数 Q（即 QP）之间建立一个二次的关系[103]。

$$R = a \times Q^{-1} + b \times Q^{-2} \tag{4.1}$$

其中，a 和 b 表示模型编码参数。但是，Q 域码率控制算法存在很多缺点，缺点如下。

（1）R 是由一些特定编码参数组合决定的，不存在 R 与 Q 之间一一对应的关系。

（2）在获得目标码率过程中，R 与 Q 之间存在“蛋鸡悖论”问题。

（3）量化是不针对非残差信息的，故不易在非残差信息与 QP 之间建立联系。

（4）Q 是率失真优化（Rate-Distortion Optimization，RDO）过程中的参数，因此在码控过程中量化参数 QP 还未确定。

（5）Q 是整数，编码器无法调节 Q 使码率尽量接近目标码率。

因此，$R-Q$ 模型不再是 HEVC 采用的算法。

（二）R-ρ 模型

为了克服 R-Q 模型的不足，文献［149］中提出了如下 R-ρ 模型。

$$R(\rho)=\theta\times(1-\rho) \tag{4.2}$$

在 R-ρ 模型中，码率 R 与参数 ρ 是一种线性关系，θ 是指与图像内容直接相关的参数，ρ 指的是 HEVC 残差系数中零值所占的百分比。R-ρ 模型在本质上仍可看作是一种特殊的 R-Q 模型[150]，虽然 R-ρ 模型在性能上较之前 R-Q 模型有了一定的提升，但是 R-ρ 模型主要适用于固定大小的变换块，而 HEVC 编码所采用的变换块大小是可变的。因此，此类算法仍不太适用于 HEVC

码率控制。

（三）R-λ 模型

HEVC 标准采用的最新码率控制模型为 R-λ 模型[109]。众所周知，率失真模型，也即RD模型的关系为$D(R)=C\times e^{-kr}$，其中C和k是与源数据特性相关的参数。该关系可以转化为$D(R)=C\times R^{-k}$，这里的C和k是不同于上式C和k的参数。文献［109］中证明RD曲线比较符合双曲线模型。而λ就是这个RD曲线的斜率。R-λ 模型如式（4.4）所示，由式（4.4）可以看出，其不仅计算简便，更重要的是λ与量化参数 QP 之间存在一一对应的关系。因此，R-λ 模型能够在率失真优化过程之前确定 QP，大大降低了编码复杂度。较之前的 2 种模型，R-λ 模型包含了头比特，并且不需要考虑变换块大小。

$$QP = 4.2005\times \ln \lambda + 13.7122 \quad (4.3)$$

$$R = \left(\frac{\lambda}{\alpha}\right)^{-\beta} = \alpha_1 \times \lambda^{\beta_1} \quad (4.4)$$

从式（4.4）中可以看出，码率R由λ值决定，其中α和β是视频序列本身特性的参数值。R-λ 模型在比特分配时采用分层分配算法，可分为 3 层：GOP（图像组）层、Slice（帧）层和 LCU（最大编码单元）层。图 4.2 给出了码率控制的分层结构。当码率控制的要求较高时，可以将码率控制的基本单元设置为一个或一组 LCU，这样码率控制算法会根据带宽条件和当前单元的复杂度等为该单元计算出一组参数，使每个控制单元的编码性能达到最

佳。如果码率控制精度要求不高时，可以将码率控制的基本单元设置为一帧而不是一个 LCU，此时只需要为每一帧计算一组量化参数。由此可见，当码率控制单元为一个或一组 LCU 时其编码复杂度较高，而控制单元为一帧时编码复杂度相对较低。对于每一层码率控制算法，其过程都是一致的。估计当前码率控制单元的目标比特数，然后由率失真模型计算出量化参数，最后使用量化参数对残差进行量化。

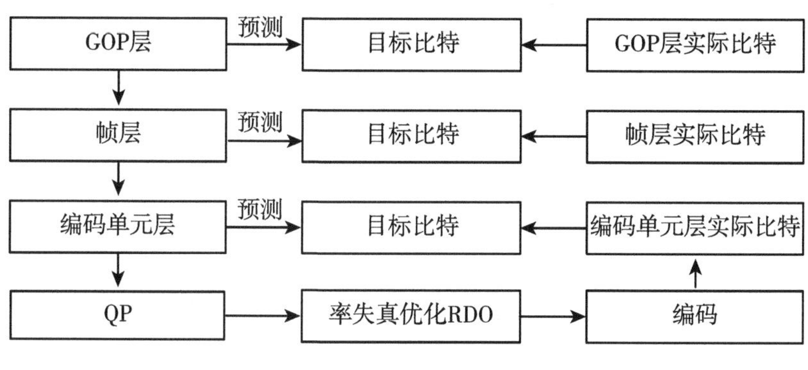

图4.2　码率控制的分层结构

GOP 层比特分配是利用设定的目标码率、帧率、GOP 中的帧数及已编码实际比特来确定 GOP 层分配的目标比特数。

$$T_{\mathrm{GOP}}=\frac{R_{PicAvg}\cdot(N_{coded}+SW)-R_{coded}}{SW}\cdot N_{\mathrm{GOP}} \tag{4.5}$$

其中，R_{PicAvg} 为每帧分配的目标比特，N_{coded} 为已编码的帧数，R_{coded} 为已编码的实际比特数，N_{GOP} 为一个 GOP 中包含的帧数，SW 为滑动窗口的大小，用于使比特分配更为平稳。

Slice 层比特分配是利用 GOP 层分配的目标比特数为 GOP 中每

一帧分配比特，此时每帧分配的比特根据其在 GOP 中所占的比重来分配。

$$T_{CurrPic} = \frac{T_{\text{GOP}} - Coded_{\text{GOP}}}{\sum_{NotCodedPictures} \omega_i} \cdot \omega_{CurrPic} \tag{4.6}$$

其中，T_{GOP} 为 GOP 的目标比特，$Coded_{\text{GOP}}$ 为 GOP 中已编码帧的实际比特，$\omega_{CurrPic}$ 为当前帧在 GOP 中所占权重，ω_i 为未编码帧在 GOP 中所占的权重。

LCU 层比特分配主要依靠每个 LCU 在一帧中的权重来确定。

$$T_{CurrLCU} = \frac{T_{CurrPic} - Bit_{header} - Coded_{Pic}}{\sum_{NotCodedLCUs} \omega_i} \cdot \omega_{CurrLCU} \tag{4.7}$$

其中，$T_{CurrPic}$ 为当前 LCU 所在帧的目标比特，Bit_{header} 为编码数据头信息的目标比特，$Coded_{Pic}$ 为当前帧已用的实际比特，$\omega_{CurrLCU}$ 为当前 LCU 在帧中所占的权重，ω_i 为未编码 LCU 在帧中所占的权重。

R–λ 模型克服了 R–Q 模型的若干不足，其中，λ 取决于率失真曲线上的点，在率失真优化（RDO）之前即可根据目标码率确定 λ，同时可确定码率 R 和失真 D。此外，R–λ 同时考虑了残差比特和头比特，调整 λ 的值就可以调整目标码率，并且相较于直接调整 QP 更精确也更方便。因此，R–λ 模型已被 JCT–VC 采用，作为 HEVC 的最新码率控制模型，本章所提算法也是基于 R–λ 模型的。

第三节 I帧复杂度估计模型

一、I帧空域复杂度

通常，视频编码比特数取决于输入视频内容的复杂度。内容复杂度越高，产生的编码比特数越大，反之亦然。因此，在编码每个视频帧之前，应该知道该视频帧的内容复杂度，以获得对编码比特数更准确的估计。测量视频帧空域内容复杂度有许多算法。在文献［151］和文献［152］中指出的 I 帧码率控制算法中，基于梯度的 I 帧复杂度测量能准确表示 I 帧的空域内容复杂度，因此我们也采用每像素梯度（Gradient Per Pixel，*GPP*）作为本章算法中 I 帧空域内容复杂性度量。并定义第 t 帧中，位于（x，y）位置处的 LCU 的 *GPP* 如下。

$$GPP_{\mathrm{LCU}}(x,y,t)=\frac{1}{64\times 64}\sum_{i=1}^{63}\sum_{j=1}^{63}\left(\left|I_{i+1,j,t}-I_{i,j,t}\right|+\left|I_{i,j+1,t}-I_{i,j,t}\right|\right) \tag{4.8}$$

其中，$I_{i,j,t}$ 是第 t 帧中，位于（x，y）处的 LCU 中（i，j）位置处像素的亮度值。*GPP* 值越大，表明该 LCU 的空域复杂度越高，反之亦然。为了在 HEVC 中验证基于 *GPP* 的视频帧空域复杂度模型的有效性。图 4.3（a）和图 4.3（b）分别给出了 Keiba 序列第 47 帧中每个 LCU 的编码比特率和 *GPP* 的关系，其中 Keiba 序列采用了全 I 帧编码。图 4.3（a）中横轴为 LCU 编码，纵轴为

LCU 的编码比特与这个 LCU 中像素数的比值。图 4.3（b）中横轴为 LCU 编码，纵轴为 LCU 的 *GPP* 值。通过比较图 4.3（a）和图 4.3（b）可以看出，由于这 2 组曲线的形状非常相似，所以 *GPP* 值可以有效地表示 HEVC 帧内编码 LCU 的空域复杂度。因此，在本章所提出的 I 帧码率控制方案中，I 帧空域内容复杂度测量基本单元为每个 LCU 的 *GPP* 值。

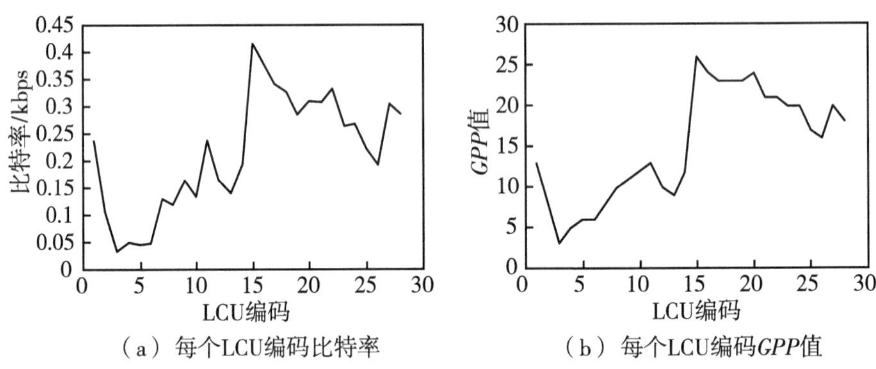

（a）每个LCU编码比特率

（b）每个LCU编码*GPP*值

图 4.3　Keiba序列编码比特率与*GPP*值之间的关系

在定义了第 t 帧中每个 LCU 的 *GPP* 值之后，我们给出第 t 帧中，第 y 个 LCU 行复杂度的定义，LCU 行复杂度是通过累积第 y 个 LCU 行中的每一个 GPP_{LCU} 值获得。

$$GPP_{\mathrm{LCU},R}(y,t)=\sum_{x=1}^{W/64}GPP_{\mathrm{LCU}}(x,y,t) \tag{4.9}$$

其中，W 为视频帧像素宽度。随后，我们分别定义第 t 帧中前 j 个 LCU 行的复杂度累计和 $GPP_{Sum,R}(j,t)$，第 t 帧的整帧空域复杂度 $GPP_{Fra}(t)$。

$$GPP_{Sum,R}(j,t)=\sum_{m=1}^{j}GPP_{\mathrm{LCU},R}(m,t) \tag{4.10}$$

$$GPP_{Fra}(t)=\sum_{y=1}^{H/64}GPP_{\mathrm{LCU},R}(y,t) \tag{4.11}$$

其中，H 为视频帧像素高度。

为了找出 HEVC 标准中 LCU 的编码比特数和相对应的 LCU 的 GPP 之间的数学关系，图 4.4 给出了 HEVC 标准中 BQsquare 视频序列的帧内编码帧中，每个 LCU 比特数和对应 GPP 的散点图，其中横轴为 LCU 复杂度，纵轴为 LCU 编码比特数。由图 4.4 可以看出，LCU 编码比特数与其 LCU 的 GPP 基本成正比，即 HEVC 标准中，“BQSquare” 视频序列，其 LCU 层的编码比特与复杂度之间存在线性关系。这种现象同样存在于其他视频序列中，由以上特性可得，HEVC 中，I 帧 LCU 的编码比特可以被表达如下。

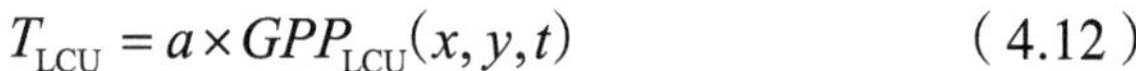

$$T_{\mathrm{LCU}}=a\times GPP_{\mathrm{LCU}}(x,y,t) \tag{4.12}$$

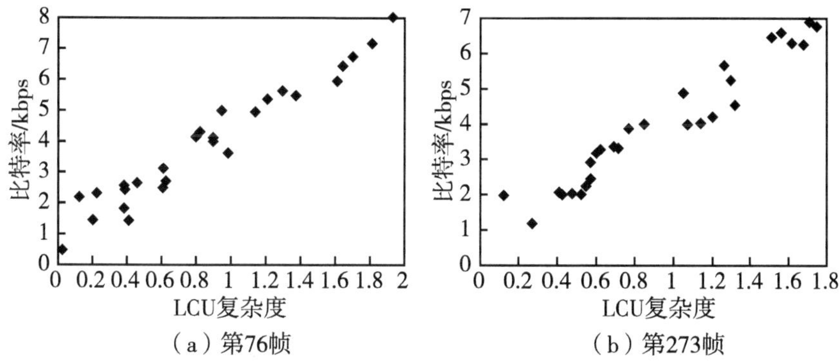

图4.4　BQSquare序列中每个LCU的*GPP*与相对应编码比特率的关系

其中，T_{LCU} 是第 t 帧中，每个 LCU 的编码比特率，a 是模型参数，也即线性关系的斜率。此外，由图 4.4 可以看出，每一帧中所有 LCU 的斜率几乎相等。因此，整帧的编码比特即与当前帧中所有 LCU 的复杂度的总和呈线性关系。因此，由式（4.12）可得，每一个 I 帧的编码比特可以推导如下。

$$T_{Fra} = a \times GPP_{Fra}(t) \tag{4.13}$$

二、I帧时域复杂度

以上给出的所有基于 *GPP* 的 I 帧复杂度都是用单个视频帧内的空域内容复杂度来表示，但是视频序列的内容都是逐帧变化的，为了使每帧编码数据量更平稳，这种变化也应该被纳入所提出的复杂度模型中一并考虑。因此，我们在时域中定义了视频帧的时间复杂度，它是指时域中相邻帧之间的复杂度连续性。为了得知连续帧复杂度是否变化，本节提出了一种简单而有效的基于连续帧之间 *GPP* 差异的时间复杂度测量算法。具体而言，如果连续帧之间的复杂度变化较小，则 2 个连续帧被定义为时域中的复杂度相似帧，反之亦然。设 *Sim* 代表连续帧之间相同位置 LCU 行的复杂度相似度，则可表示如下。

$$Sim = \frac{GPP_{Sum,R}(j,t) - GPP_{Sum,R}(j,t-1)}{GPP_{Sum,R}(j,t-1)} \tag{4.14}$$

其中，$GPP_{Sum,R}(j,t) - GPP_{Sum,R}(j,t-1)$ 表示连续帧之间相同位置 LCU 行的复杂度差异。如果 *Sim* 不低于某个阈值 T_1，我们认为在时域上，前一帧第 j 个 LCU 行与当前帧相同位置处 LCU 行的复杂度不同。因此，当前帧中第 j 个 LCU 行被定义为“新的 LCU 行”。否则，这 2 个行被定义为“相似的 LCU 行”。通过大量的实验，$T_1=0.15$ 时，可以最好的区分 LCU 行的相似性。为了测试所提出的时间复杂度测量的鲁棒性，我们连接了 4 个视频序列（BasketballDril、BQMall、Keiba 和 PartyScene）的各 30 帧，重新生成了一个模拟突发场景变换的 120 帧序列，将这个序列命名为 Comb 序列。表 4.1 列出了不同测试序列中利用式（4.14）找出的“新 LCU 行”数量（此时的 LCU 行指相邻视频帧中，同一位置处的 LCU 行）。Comb 中“新的 LCU 行”的数量是 3，因为在“Comb”序列中检测到 3 个突然的场景变化。对于 Mobisode2 序列，“新的 LCU 行”数量是 4，因为检测到 4 个突然的场景变化。对于 Johnny、BasketballDrive 和 FourPeople 序列，“新的 LCU 行”的数量为 0，因为这些视频没有突然的场景变化。从表 4.1 结果可以看出，提出的时间复杂度检测算法是有效的。

表 4.1　新的LCU行数量

视频序列	新的 LCU 行数
Comb	3
Johnny	0
BasketballDrive	0
FourPeople	0
Mobisode2	4

第四节　本章所提I帧码率控制算法

在这一节中，我们使用由上一节提出的线性模型，为 HEVC 中的 I 帧设计出一个图像复杂度自适应的低延迟码率控制方案。由图 4.2 可知，现有大多数的 HEVC 码率控制算法的结构都为 3 层比特分配：GOP 层、帧层、LCU 层。本章所提出的比特分配方案与之不同，其比特分配方案为帧层比特分配、LCU 行层比特分配和 LCU 层比特分配。

由于每个 I 帧的内容随时间而变化，为了适应这种时域复杂度的变化，分配给每个帧的比特数应当不同。在受端到端延迟较低限制的实时视频传输应用中，缓冲时间（即编码器端缓冲区的大小）应该非常小，并且由于实时性不能事先知道后续帧的内容复杂度。因此，在本章的剩余部分，我们假设所提出的码率控制算法受上述应用环境限制。

一、帧层比特分配

由于所提出码率控制算法的应用环境为缓冲区（Buf_{SIZE}）非常小，因此缓冲区溢出或下溢可能性更高。为了解决这个问题，帧级比特分配方案应该根据缓冲区充满度进行调整。在编码第 t 个 I 帧时，如果缓冲区充满度小于缓冲区大小的 1/3，则向当前帧分配更多比特，反之亦然。设 $T_{Fra}(t)$ 为分配给 t 帧的比特数，则根据以上理论可得。

$$T_{Fra}(t)=\frac{T_{Tar}}{f}+\theta\times\left(\frac{Buf_{SIZE}}{3}-Buf_{Ful}\right) \tag{4.15}$$

其中，T_{Tar} 是编码视频序列的目标比特率，f 是帧速率，Buf_{Ful} 是缓冲区充满度，θ 是控制收敛速度的缓冲区状态反馈系数。本章实验中的值为 1.32。

二、LCU行层比特分配

LCU 行层比特分配流程图如图 4.5 所示。在已知 $T_{Fra}(t)$ 前提下，第 t 帧中第 y 个 LCU 行的目标比特是根据第 y 个 LCU 行的复杂度和第 t 帧整帧复杂度比值决定的。如果当前 LCU 行的复杂度大于当前帧中 LCU 行的平均复杂度，则分配给当前 LCU 行的目标比特数应大于每个 LCU 行的平均比特数，反之亦然。令 $T_{\mathrm{LCU},R}(y,t)$ 表示第 t 帧中，第 y 个 LCU 行的目标比特数。基于上文中的线性模型，则可表示如下。

$$T_{\mathrm{LCU},R}(y,t)=\frac{T_{Fra}(t)}{H/64}\times Rat_{\mathrm{LCU},R}(y,t) \tag{4.16}$$

$$Rat_{\mathrm{LCU},R}(y,t)=\frac{GPP_{\mathrm{LCU},R}(y,t)}{GPP_{Fra}(t)/(H/64)} \tag{4.17}$$

其中，$H/64$ 为第 t 帧中 LCU 行的个数，$T_{Fra}(t)/(H/64)$ 是每个 LCU 平均行目标比特，$Rat_{\mathrm{LCU},R}(y,t)$ 是第 y 个 LCU 行复杂度与当前帧平均 LCU 行复杂度之间的比值。

如前所述，在极低延迟的视频应用中，$GPP_{Fra}(t)$ 只有在第 t 帧中所有 LCU 行都被输入和处理之后才能知道。但是，本章所提算法是针对较低延迟的应用，为了降低缓冲区带来的延迟，本章

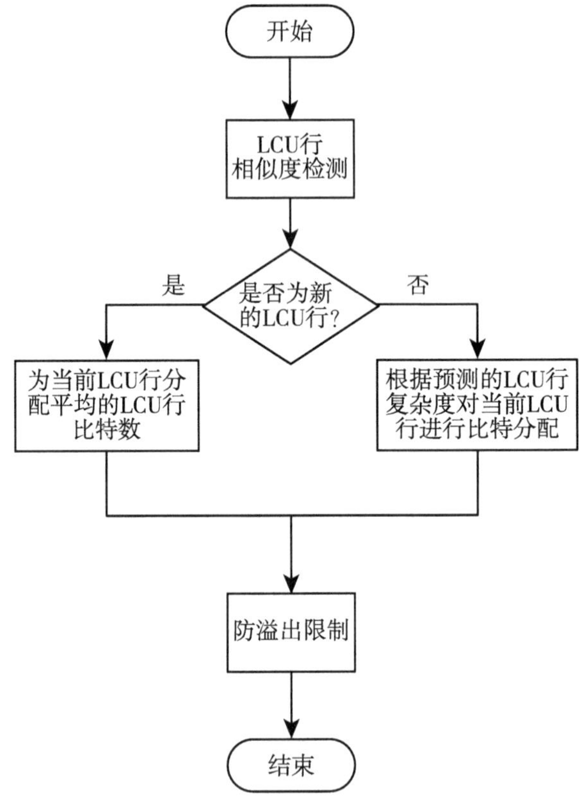

图 4.5　LCU行层比特分配流程图

码率控制算法为当前帧中的每个 LCU 行可编码时，码率控制即可开始。由于向缓冲区发送数据的单元从整帧数据变为一个 LCU 行数据，因此缓冲区中滞留的数据也就相应的降低。但是，在这种设定下，式（4.17）中的 $GPP_{Fra}(t)$ 只有在当前帧中，所有 LCU 行编码结束时才可计算得到。换句话说，在将目标比特分配给当前 LCU 行时，$Rat_{\mathrm{LCU},R}(y,t)$ 是不可知的。为了解决这个问题，我们使用时间复杂度模型，从 t–1 帧预测第 t 帧的 $GPP_{Fra}(t)$ 。首先，用式（4.14）检查第 t 帧的当前行和第 t–1 帧相同位置行之间的

相似度。如果 $Sim \leqslant T_1$ 表示第 t 帧的当前行与第 t–1 帧的当前行相似。此时，式（4.17）中的 $GPP_{Fra}(t)$ 可由 $GPP_{Fra}(t-1)$ 替换。否则，当前帧的平均 LCU 行目标比特数将被分配给第 t 帧中的当前 LCU 行。

由于所提出的码率控制方案是在一个 LCU 行准备好时即可开始，所以在 LCU 行码率控制过程中也可能发生缓冲区上溢或下溢。因此，为了保证码率控制的质量，$T_{\mathrm{LCU},R}(y,t)$ 应由一个缓冲区充满度阈值 T_2 进行限制。这种限制可表示如下。

$$T_{\mathrm{LCU},R}^{R}(y,t)=\begin{cases}T_{\mathrm{LCU},R}(y,t), & Buf_{Ful}<T_2\\ T_{\mathrm{LCU},R}(y,t)\times\dfrac{Buf_{SIZE}-Buf_{Ful}}{Buf_{SIZE}-T_2}, & \text{otherwise}\end{cases} \tag{4.18}$$

在式（4.18）中，受限目标比特的数目 $T_{\mathrm{LCU},R}^{R}(y,t)$ 与 $T_{\mathrm{LCU},R}(y,t)$ 呈线性关系。为了确保较低的端到端延迟，T_2 的值应该是很小。但是，如果 T_2 太小，则会降低编码性能。因此，T_2 的值要进行适当的权衡。通过对不同特性的视频进行大量实验比较，选取了性能较好的阈值，在本章中，$T_2=0.2\times Buf_{SIZE}$。

三、LCU层比特分配

在将目标比特分配给每个 LCU 行之后，在第 t 个帧的第 y 个 LCU 行中的每个 LCU 的目标比特数量先由式（4.19）进行预分配。

$$T_{\mathrm{LCU}}^{P}(x,y,t)=\frac{GPP_{\mathrm{LCU}}(x,y,t)}{GPP_{\mathrm{LCU},R}(y,t)}\times T_{\mathrm{LCU},R}(y,t) \tag{4.19}$$

其中，$GPP_{\mathrm{LCU}}(x,y,t)/GPP_{\mathrm{LCU},R}(y,t)$ 表示第 y 个 LCU 行中位于（x，y）处 LCU 的归一化复杂度的比。

在实际应用中，每个 LCU 中分配的目标比特和实际编码比特之间并不会十分匹配。因此，如果当前 LCU 行中，先编码的 LCU 所消耗的实际比特数比其目标比特数更多或更少，则应对当前 LCU 行中剩余未编码 LCU 的目标比特进行相应地调整，以保证其编码质量。因此，预分配的目标比特应进行进一步改进，改进算法如下。

$$T_{\mathrm{LCU}}^{R}(x,y,t)=\left\{T_{RemBits}+\frac{\sum_{j=1}^{x-1}\left[T_{\mathrm{LCU}}^{P}(j,y,t)-T_{\mathrm{LCU}}^{act}(j,y,t)\right]}{SW}\right\}\times Rat_{Curr\mathrm{LCU}} \tag{4.20}$$

其中，$T_{\mathrm{LCU}}^{R}(x,y,t)$ 表示当前 LCU 改进后的目标比特数，$T_{RemBits}$ 表示用于编码当前LCU行中剩余LCU的比特数，$T_{\mathrm{LCU}}^{act}(j,y,t)$ 表示第 j 个 LCU 的实际编码比特数，SW 表示滑动窗口，其作用是使比特率更平滑。在我们的实验中，SW 设置为 6。另外，$Rat_{\mathrm{LCU}}(x,y)$ 是当前 LCU 和剩余 LCU 之间的复杂度比率。

$$Rat_{Curr\mathrm{LCU}}=\frac{GPP_{\mathrm{LCU}}(x,y,t)}{\sum_{j=x}^{N_{\mathrm{LCU},R}}GPP_{\mathrm{LCU},R}(j,y,t)} \tag{4.21}$$

其中，$N_{\mathrm{LCU},R}$ 是当前 LCU 行中的 LCU 数量。

值得注意的是，LCU 行层比特分配和 LCU 层比特分配算法全部基于每个 LCU 的复杂度。因此，除计算每个 LCU 的复杂度所花费的时间之外，所提出的比特分配算法未引入其他的计算延迟，并且计算 LCU 复杂度的计算延迟与 HEVC 编码器复杂度相比是可以忽略不计的。

四、量化参数QP的计算

一旦确定了目标比特的数量，下一步就是如何为每个 LCU 获得这个目标比特。目前，HEVC 采用 $R-\lambda$ 模型来获得目标比特。在文献［110］中已经证明，HEVC 的 I 帧中码率—梯度与 λ 之间的关系满足双曲函数。相较于传统的 $R\text{–}\lambda$ 模型，基于码率—梯度的 $R\text{–}\lambda$ 能更好的自适应 I 帧复杂度。因此，当确定当前 LCU 的目标比特和 GPP 后，本章使用基于码率—梯度的 $R\text{–}\lambda$ 模型来计算当前 LCU 的 λ。

$$\lambda_{\text{LCU}} = \alpha\left(\frac{BPP_{\text{LCU}}}{GPP_{\text{LCU}}}\right)^{\beta} \tag{4.22}$$

其中，α 和 β 是通过编码大量视频帧后所获得的模型拟合参数，λ_{LCU} 是当前 LCU 的拉格朗日乘数，BPP_{LCU} 是当前 LCU 中每个像素的目标比特的数量，其计算方法如下。

$$BPP_{\text{LCU}} = \frac{T_{\text{LCU}}^{F}}{64\times 64} \tag{4.23}$$

当由式（4.22）确定了 λ_{LCU} 后，则当前 LCU 的 QP 由下式计算得到。

$$\text{QP} = 4.2005\times\ln(\lambda_{\text{LCU}})+13.7122 \tag{4.24}$$

由于要满足较低延迟所需的小缓冲区限制，本章所提出的码率控制方案的编码性能也不免会受到一定影响。为了保持连续编码帧之间的质量平滑度，要对式（4.24）中求得的 QP 做出限定。首先，使用式（4.14）检查连续的帧是否是相似帧。如果当前帧中的 LCU 行与前一帧中位于相同位置处的 LCU 行相似，则 QP 应满足如下。

$$\mathrm{QP} = clip(\mathrm{QP}_p - 2, \mathrm{QP}_p + 2) \tag{4.25}$$

其中，*clip* 表示 QP 限定在此范围内，QP_p 为在前一帧中相同位置处 LCU 行中的 LCU 的平均 QP 值。

五、参数更新

由于视频序列的内容会随着编码时间不断变化，因此在编码一帧之后，式（4.22）中的参数也应随着视频帧的变化而自适应的更新，以提高算法的鲁棒性。在本章所提码率控制算法中，式（4.22）中的使用文献［110］中的更新方式如下。

$$\alpha_{\mathrm{new}} = \alpha_{\mathrm{old}} \times \left(\frac{R_{act}}{R_{Tar}}\right)^{\sigma \times \beta_{old}} \tag{4.26}$$

$$\beta_{\mathrm{new}} = \beta_{\mathrm{old}} \times \left(\frac{R_{act} - R_{tar}}{R_{Tar}}\right) \tag{4.27}$$

其中，R_{act} 和 R_{tar} 分别是编码 LCU 的实际输出比特和目标比特。σ 是降低参数改变速率的比例因子。在我们的实验中，σ 设置为 0.1。

六、本章算法具体流程

综上所述，本章算法主要步骤为：首先对 I 帧计算其空 / 时复杂度，然后基于复杂度进行码率预测和分配，最后由对应模型获得预期的码率。具体算法实现过程如下。

（1）对 Buf_{SIZE} 、T_{Tar} 、f 进行初始化。

（2）计算空域复杂度并分配当前帧目标比特。

（3）计算当前帧与前一帧的时域复杂度，判断两帧是否为相似帧。

（4）由相似帧判断结果，预测当前帧中 LCU 行的复杂度，并计算和限制 LCU 行的目标比特。

（5）计算当前 LCU 行中每个 LCU 的复杂度与整行 LCU 复杂度和的比值，并由这个比值预测并限制当前 LCU 的目标比特。

（6）根据所求得的 LCU 目标比特，计算并限制当前 LCU 的 QP。

（7）使用第（6）步中获得的 QP 对当前 LCU 进行编码。

（8）更新码率控制参数。

第五节　实验结果和分析

实现本章算法的参考软件为 HM-16.0。我们将所提算法的缓冲区大小设为 $T_{Tar}/(3\times f)$，即平均一帧数据量大小的 1/3，其他算法的缓冲区大小设为 T_{Tar}/f。实验中所有视频均使用全 I 帧编码模式，编码帧数为 200 帧。RDQ 和 RDQTS 被禁用。我们使用不进行码率控制的标准 HM-16.0 全 I 帧编码模式，对所有测试视频序列进行编码，然后将由这种方式获得的编码比特率进行四舍五入，并将四舍五入后的整数值作为本章码率控制算法的目标比特率。本章算法与其他 4 种 I 帧码率控制算法进行了对比，分别为：已纳入 HM 标准的 HEVC 码率控制算法，JCT-VC K0103[109]；已纳入 HM 标准的 I 帧码率控制算法，JCT-VC K0257[108]；Wang 等人提出的 I 帧码率控制算法[110]；Hu 等人提出的基于增强学习的 I 帧码率控制算法[107]。

测试序列选用“BQSquare（BQS，416×240）”“RaceHorses（RHS，416×240）”“BlowingBubbles（BWB，416×240）”“BasketballDrill（BBD，832×480）”“PartyScene（PTS，832×480）” BQMall（BQM，832×480）”“RaceHorsesC（RHC，832×480）”“FourPeople（FRP，1024×768）”“BasketballDrive（BDR，1920×1080）”“BQTerrace（BQT，1920×1080）”“Cactus（CAT，1920×1080）”，还有级联的序列“Comb（Comb，832×480）”。

使用比特率估计误差来评估码率控制算法的控制性能，比特率估计误差也即最终编码后的实际比特率偏离目标估计比特率的百分比，其表示如下。

$$M = \frac{\left|BR_{tar} - BR_{act}\right|}{BR_{tar}} \times 100\% \tag{4.28}$$

其中，BR_{tar} 和 BR_{act} 分别是编码视频序列的目标比特率和实际生成的比特率。M 的值越小，意味着更好的比特率匹配，即码率控制效果越好。

如图 4.6 所示为序列 BasketballDrive 和 RaceHorse 的缓冲区充

满度比较。所提算法在缓冲区滞留的数据量远小于其他算法。所提算法随着编码帧数的增加，其缓冲区充满度一直接近于零，这意味着该算法产生的缓冲区状态更加稳定，更重要的是，由缓冲区状态引起的延迟会远小于其他比较算法。同时，本章算法相较于其他比较算法更好的避免了缓冲区溢出和下溢。

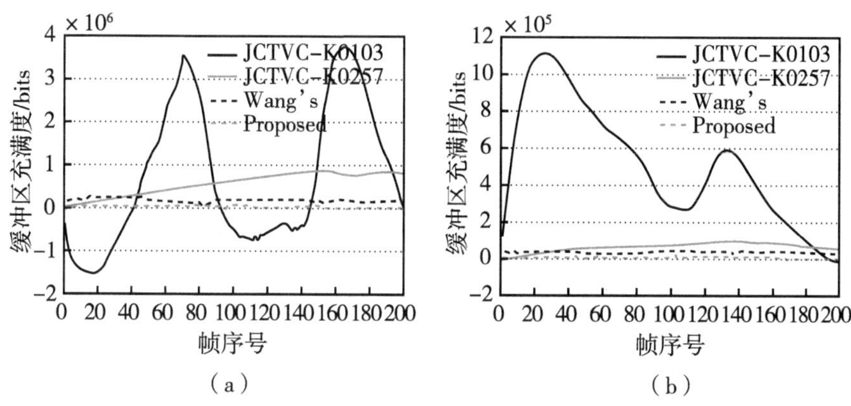

图4.6　缓冲区充满度比较

注:（a）序列 BasketballDrive（目标比特率：71133 kb/s）和（b）序列 RaceHorse（目标比特率：2883 kb/s）的缓冲区充满度比较。

如表4.2所示为不同序列的缓冲区充满度。从表4.2可以看出，在所有序列中，所提算法的缓冲区充满度都远小于其他算法。这是因为所提算法的码率控制在每一帧的第一个 LCU 行可编码时即可开始。因此，由缓冲区充满度引起的端到端延迟也是非常低的。由此可以看出，本章所提出的码率控制算法较适用于需要较低延迟的视频传输应用。

表 4.2　不同序列的缓冲区充满度

视频序列	QP	缓冲区充满度 /bits			
		JCT-VC K0103[109]	JCT-VC K0257[108]	Wang 的算法[110]	本章所提算法
BQS	22	597839	46911	34547	25854
	27	1465425	29047	47803	26494
	32	2834974	30530	32806	4956
	37	816066	32149	21531	2598
BWB	22	596857	63731	64769	23374
	27	877883	61571	46392	17197
	32	755775	42107	46518	9867
	37	193554	24137	13655	4970
BBD	22	486510	70717	75346	27719
	27	369247	35067	40733	25538
	32	194049	6566	48973	6220
	37	93060	11611	36514	12062
PTS	22	2869929	212818	365704	48868
	27	7548673	240393	317712	181242
	32	10981358	217257	214194	34100
	37	2285713	135945	166716	20287
RHC	22	2217101	214395	427531	42530
	27	1977430	209198	457865	33121
	32	1053412	139623	306524	23898
	37	326833	51430	49398	11028
FRP	22	180814	78749	60663	24921
	27	78810	91332	72293	6115
	32	109595	98779	60786	6654
	37	85119	86184	96447	5306

续表

视频序列	QP	缓冲区充满度 /bits			
		JCT-VC K0103 [109]	JCT-VC K0257 [108]	Wang 的算法 [110]	本章所提算法
BQT	22	5790168	1178608	2712220	294506
	27	3826735	670754	235977	85491
	32	1816280	309080	113718	91282
	37	814651	170893	291639	57545
CAT	22	2953106	652344	445949	252105
	27	1337921	370827	415771	51742
	32	649650	200196	327367	23506
	37	322141	77403	450543	13505
均值		1765834	183136	253081	62756

如图 4.7 所示为 BQMall 序列的 PSNR、缓冲区充满度和实际产生比特数的比较。此序列的目标比特率为 9419kb/s，缓冲区大小为 52.3kb。所提算法表现出比其他比较算法更好的性能。在序列开始时，JCT-VC K0103 为每一帧分配了太多的比特，导致极大的缓冲区溢出。Wang 的算法没有考虑连续帧之间的时间复杂度相关性，这使其实际生成的比特较本章所提算法更不稳定。此外，Wang 算法的缓冲区大小也比所提出算法大。因此，Wang 算法的缓冲区充满度要高于所提出算法。本章所提算法在实际比特方面表现出与 JCT-VC K0257 算法相似的性能。然而，由于 JCT-VC K0257 的缓冲区容量较大，因此所提算法的缓冲区充满度要小于 JCT-VC K0257。此外，Wang 的算法和 JCT-VC K0257 需

要预先计算每个输入帧的整帧复杂度，这导致至少一个帧的附加端到端延迟。与他们相比，所提算法的缓冲区大小仅需要编码单个帧比特数的 1/3 比特来编码单个帧。因此，在视频采用指定带宽传输的前提下，本章算法由缓冲区造成的端到端延迟可以大大降低。

如图 4.8 所示为 Comb 序列在 PSNR、缓冲区充满度和实际产生比特数的比较。其目标比特率被设置为 16681kb/s，帧率被设置为 50，所提算法的缓冲区大小被设置为 111.21kb。由于 Comb 中 4 个序列的编码效率不同，我们可以看到在图 4.8（a）中，场景变化边界处突然的 PSNR 变化。从图 4.8（b）可以看出，JCT-VC K0257 和 Wang 的算法由于要进行整帧预处理，这会导致额外的端到端延迟，而所提算法在缓冲区充满度方面比 JCT-VC K0257 和 Wang 的算法表现出更好的性能，因为所提出的算法不仅考虑了空间复杂度，而且考虑了连续帧之间的复杂度相关性，所以在一个非常小缓冲区的严格约束下，对帧内容的变化更加自适应。此外，JCT-VC K0103 即使在同一场景下也会产生极大的比特率波动，这不可避免的会引起缓冲区溢出和下溢。从图 4.8 中可以看出，即使场景突然变化，本章算法在缓冲区充满度和视频质量方面也有较好的表现。

如表 4.3 所示为比特率估计误差比较。从表 4.3 中可看出，本章所提出码率控制算法的比特估计误差小于其他算法，这意味着即使所提算法其缓冲区大小仅为 (*target bitrate*) / (3× *frame rate*) 的

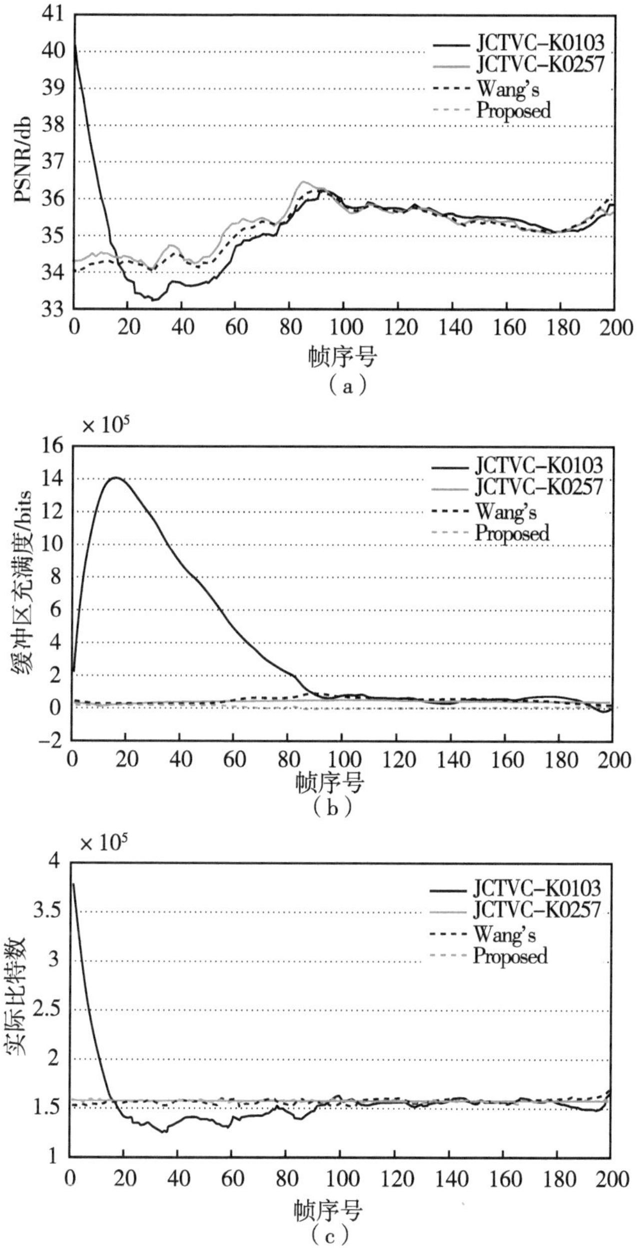

PSNR/db

JCTVC-K0103
JCTVC-K0257
Wang's
Proposed

帧序号

（a）

×10^5

缓冲区充满度/bits

JCTVC-K0103
JCTVC-K0257
Wang's
Proposed

帧序号

（b）

×10^5

实际比特数

JCTVC-K0103
JCTVC-K0257
Wang's
Proposed

帧序号

（c）

图 4.7　BQMall序列（目标比特率为9419 kb/s）

注:（a）PSNR 比较;（b）缓冲区充满度比较;（c）实际产生比特数的比较。

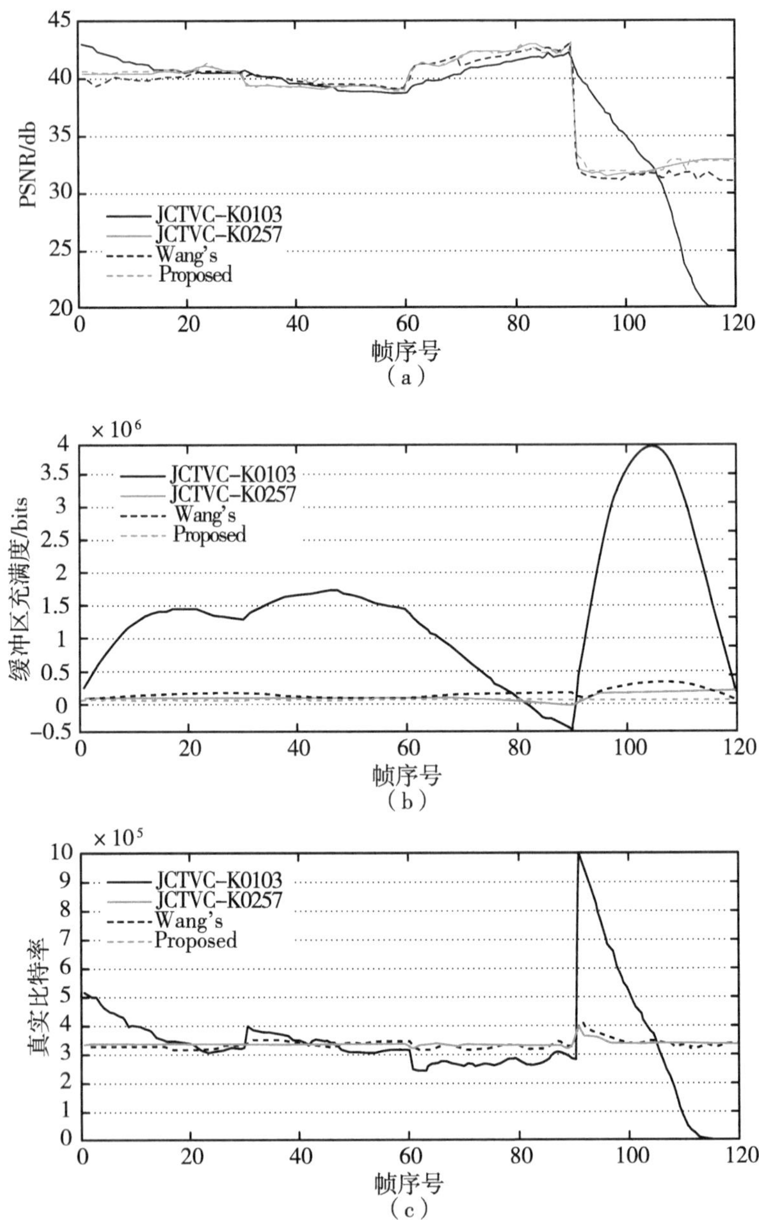

图4.8 Comb序列（目标比特率为16681 kb/s）

注:(a)PSNR 比较;(b)缓冲区充满度比较;(c)实际产生比特数的比较。

前提下，所提出码率控制算法也能够在目标比特率和实际产生比特率的匹配控制度上优于其他码率控制算法，即经本章算法控制过的 HEVC 编码码率能在保证视频质量的前提下，更充分的利用传输带宽。

表 4.3　比特率估计误差比较

视频序	目标比特	JCT-VC K0103[109]	JCT-VC K0257[108]	Hu 的算法[107]	Wang 的算法[110]	所提算法
	kb/s	M/%	M/%	M/%	M/%	M/%
BQS	13719	0.08	0.13	0.04	0.03	0.02
	9169	2.04	0.08	0.17	0.41	0.13
	5855	0.13	0.22	0.13	0.13	0.03
	3659	0.05	0.36	0.27	0.06	0.04
BWB	10708	0.14	0.25	0.06	0.03	0.06
	6500	0.50	0.37	0.29	0.41	0.06
	3691	0.05	0.43	0.58	0.04	0.02
	1946	0.08	0.49	0.92	0.08	0.04
BBD	22390	0.03	0.10	0.05	0.07	0.10
	12457	0.02	0.08	0.07	0.06	0.03
	6746	0.00	0.00	0.13	0.18	0.03
	3726	0.02	0.06	0.00	0.01	0.01
PTS	48999	0.14	0.18	0.04	0.03	0.03
	31277	1.81	0.30	0.09	0.03	0.01
	18933	0.41	0.40	0.17	0.37	0.06
	10711	0.02	0.45	0.03	0.01	0.00

续表

视频序	目标比特	JCT-VC K0103[109]	JCT-VC K0257[108]	Hu 的算法[107]	Wang 的算法[110]	所提算法
	kb/s	M/%	M/%	M/%	M/%	M/%
RHC	18401	0.83	0.20	0.11	0.12	0.09
	11152	0.37	0.20	0.14	0.11	0.05
	6402	0.02	0.21	0.03	0.02	0.05
	3288	0.03	0.21	0.00	0.00	0.01
FRP	32576	0.02	0.10	0.37	0.02	0.04
	19494	0.02	0.20	0.47	0.01	0.08
	12014	0.01	0.30	0.56	0.01	0.01
	7387	0.03	0.41	0.43	0.00	0.00
BQT	171468	0.12	0.37	0.03	0.00	0.10
	85332	0.01	0.33	0.02	0.00	0.10
	43141	0.00	0.06	0.13	0.01	0.01
	23625	0.02	0.05	0.07	0.01	0.04
CAT	124340	0.00	0.21	0.13	0.00	0.06
	55247	0.01	0.25	0.01	0.01	0.02
	28842	0.00	0.24	0.07	0.01	0.02
	15849	0.01	0.18	0.00	0.01	0.00
均值		0.22	0.23	0.17	0.07	0.04

如表 4.4 所示为编码视频 PSNR 比较，可以看出所提算法的 PSNR 与其他算法基本相同，但是其他 3 种算法没有考虑缓冲区较低延迟这一苛刻条件。由此可见，所提算法即便在缓冲区要求十分苛刻的条件下，仍保持了良好的视频质量。

表 4.4　编码视频PSNR比较

视频序列	JCT-VC K0103[109]	JCT-VC K0257[108]	Wang 的算法[110]	所提算法
	PSNR/dB	PSNR/dB	PSNR/dB	PSNR/dB
BQS	41.88	41.86	41.80	41.66
	37.69	37.54	37.53	37.47
	34.39	33.54	35.09	33.46
	29.54	29.80	29.61	29.71
BWB	41.46	41.44	41.34	41.22
	37.11	37.29	37.21	37.17
	33.45	33.56	33.46	33.48
	30.22	30.29	30.16	30.24
BBD	42.22	42.21	42.11	42.18
	38.86	38.87	38.75	38.87
	35.86	35.82	35.76	35.90
	33.31	33.17	33.22	33.27
PTS	41.45	41.46	41.35	41.38
	37.20	37.11	37.09	37.02
	31.97	33.17	34.26	33.10
	29.33	29.60	29.32	29.61
RHC	42.43	42.38	42.39	42.34
	38.75	38.70	38.72	38.65
	35.23	35.20	35.16	35.18
	31.89	31.86	31.81	31.81
FRP	44.21	44.06	44.13	44.08
	41.58	41.41	41.46	41.44
	38.73	38.58	38.58	38.66
	35.72	35.61	35.57	35.67

续表

视频序列	JCT-VC K0103[109]	JCT-VC K0257[108]	Wang 的算法[110]	所提算法
	PSNR/dB	PSNR/dB	PSNR/dB	PSNR/dB
BQT	42.84	42.64	42.59	42.65
	38.10	38.04	38.00	37.91
	35.16	35.17	35.07	35.17
	32.72	32.72	32.59	32.73
CAT	41.35	41.27	41.22	41.13
	38.35	38.25	38.30	38.27
	36.02	35.94	35.93	35.95
	33.72	33.59	33.61	33.68
均值	36.96	36.94	36.97	36.91

为了给出本章所提 I 帧码率控制算法，在帧内、帧间联合编码时的性能，我们将 JCT-VC K0103[109] 中的帧内码控部分替换为本章所提算法，由于 IPPP 码率控制测试时较常使用，因此编码模式采用 encoder_lowdelay_P_main。如表 4.5 所示为帧内、帧间联合码率控制算法的性能比较。可以看出联合码率控制算法的 PSNR 与 JCT-VC K0103[109] 基本相同，但是其比特率的匹配度仍优于 JCT-VC K0103[109]。由此可见，本章所提出的 I 帧码率控制算法不但对 I 帧进行码率控制时展现出了更好的性能，其在帧内、帧间联合码率控制时，也展现了良好的效果。

表 4.5 帧内、帧间联合码率控制算法的性能比较

视频序列	目标比特	JCT-VC K0103 [109]	所提算法 + JCT-VC K0103	JCT-VC K0103 [109]	所提算法 + JCT-VC K0103
	kb/s	M/%	M/%	PSNR/dB	PSNR/dB
BQS	2760	0.15	0.13	38.82	38.66
	908	0.27	0.17	34.33	34.31
	337	0.48	0.31	31.05	31.26
	131	0.66	0.37	28.07	28.44
PTS	9329	0.62	0.38	37.63	37.58
	3700	0.93	0.76	33.69	33.52
	2564	1.53	0.92	30.43	29.58
	658	0.73	0.41	28.32	28.63
BQT	64553	0.25	0.15	38.69	38.53
	9745	0.43	0.25	35.34	35.19
	2356	0.19	0.14	33.17	33.17
	844	0.14	0.10	31.06	31.10
CAT	24701	0.15	0.10	38.73	38.55
	6711	0.34	0.26	37.12	37.07
	2950	0.53	0.33	35.09	35.03
	1447	0.54	0.44	32.91	32.91
均值		0.49	0.28	34.03	33.97

第六节 总　　结

在本章中，我们提出了一种图像复杂度自适应的 HEVC 低延迟 I 帧码率控制算法。首先提出了一种空 / 时域联合复杂度表示

算法来度量I帧的图像复杂度。然后，在码率控制单元的比特率和复杂度之间建立一种线性模型，并基于这一线性模型提出了帧级比特分配方案、LCU行级比特分配方案、LCU级比特分配方案。本算法所提出的比特分配方案，不仅考虑每帧的空间复杂度，而且还考虑连续帧之间的时间复杂度，从而提升了比特分配的精度。由于提出了LCU行复杂度预测算法，在每帧的第一个LCU行可用时，HEVC编码端就可以开始码率控制，这就使缓冲区内的数据滞留量保持在较小的水平，进而降低了因缓冲区数据滞留导致的视频传输端到端延迟。试验结果证明了本章算法的有效性。

第五章

基于机器学习的H.264/AVC到HEVC转码算法

第一节 引 言

为了满足市场需求，新一代的视频编码标准不断被制定和应用，其中就包含了MPEG-1、MPEG-2、MPEG-4、H.263、H.264/AVC、HEVC 等一系列新的编码标准。视频编码标准的演进和发展十分迅速，然而与这种迅速发展的视频编码标准不匹配的是，现有网络中大量的视频资源都是采用之前的编码标准进行视频压缩编码。为了适应视频编码标准的发展速度，如何将现阶段大量使用的视频格式数据转码为使用最新一代视频压缩标准进行编解码的视频数据，这方面的研究有着重要的实用价值。

目前大部分的视频资源和主流的视频采集设备主要采用H.264/AVC 标准进行压缩编码，将这些视频采用 HEVC 格式进行编码，将大幅提升已有资源和设备的使用性能。为了更好地共享网络中已有的视频资源，本章将提出一种从 H.264/AVC 到 HEVC 的转码算法。首先，将 H.264/AVC 中码流信息和 HEVC 编码信息作为机器学习的训练数据，训练出一个基于树增强的贝叶斯分类器，然后将这个分类器用于预测转码过程中 HEVC 的编码深度。由于机器学习的训练效果在很大程度上依赖于训练数据的特征选择性能，因此提出一种基于熵增益的特征选择算法，以此来提升机器学习的精度和速度。针对运动估计是 HEVC 编码过程中最耗时这一问题，提出了一种利用 H.264/AVC 码流中的运动向量来预测 HEVC 运动向量的算法，进一步减少了转码所需要的时间。通过实验表明，本章所提算法在转码后视频质量基本不变的前提下，有效降低了 H.264/AVC 到 HEVC 的转码复杂度。

第二节　本章所提转码算法

H.264/AVC 和 HEVC 的编码架构十分相似，即 H.264/AVC 与 HEVC 都使用了相同的“混合”编码算法（帧间 / 帧内图像预测和 2D 变换编码）。这 2 个标准都是将每个视频帧分割成块，这些块分割的信息都将被传送到解码端。在编码端，帧间预测处理包括：选择当前帧的参考帧并在参考帧中预测当前帧中每个编码块的运动矢量（*MV*）。解码器通过 *MV* 进行运动补偿来恢复出视频

帧。因为 H.264/AVC 和 HEVC 的编码结构十分相似，所以可以使用 H.264/AVC 码流的信息来帮助加速确定 HEVC 中 CU 和 PU 的模式。但是，H.264/AVC 和 HEVC 之间在编码模式上仍然有区别，其主要区别为：HEVC 使用基于编码树单元（CTU）的四叉树结构而不是在 H.264/AVC 中使用的宏块（MB）。在 H.264/AVC 中，编码单元是一个大小固定为 16×16 像素的 MB。在 HEVC 中，用四叉树分块，编码单元（CU）的大小范围为 64×64 到 8×8。此外，HEVC 使用了更为灵活的预测单元（PU）模式和变换单元（TU）模式。因此，将 H.264/AVC 中编码模式信息直接用在 HEVC 中进行编码也是不合适的。如何高效地利用 2 个标准之间的异同，降低 H.264/AVC 到 HEVC 转码的复杂度，是此类转码问题的关键。因此，在本章中充分利用 H.264/AVC 比特流中的信息及 2 个标准中的编码块分割结构和运动预测结构之间的相似性，提出了一种快速的 H.264/AVC 到 HEVC 转码方案。

根据 HEVC 中不同 CU 深度的复杂度分析结果，HEVC 编码时间随着 CU 深度的增加而增加[115]。因此，关于如何提前决定 CU 深度是减少转码时间的关键步骤。类似于之前 H.264/AVC 标准，HEVC 中的 CU 也是基于块的单元。H.264/AVC 和 HEVC 的主要区别在于 H.264/AVC 采用固定大小的 MB。在 H.264/AVC 中，为了进行运动估计，MB 被分割成不同的块大小：1 个 16×16 块，2 个 16×8 块，2 个 8×16 块或 4 个 8×8 块，如图 5.1（a）所示。在 HEVC 中，CTU 的概念类似于 H.264/AVC 中 MB 的概念。

然而，HEVC 采用四叉树编码结构，CTU 的最大编码单元（LCU）为 64×64（即第0层编码单元），这比H.264/AVC中的MB大得多。如图 5.1(b) 所示，CTU 可以进一步分成多个较小的编码单元（即从第 1 层编码单元到第 3 层编码单元）。总的来说，HEVC 中 CU 分割的概念与 H.264/AVC 中的 MB 分割十分相似。但是，HEVC 具有较大的块和较多的块分层。除了编码块分割方式类似，其编码特点也基本相同，都使用较小的编码块来编码纹理或运动区域，使用较大的编码块来编码平滑或静态区域。由此可以得出直观的结论：H.264/AVC 和 HEVC 块分区之间存在高度相关性。为了验证该结论，我们使用级联的转码器，即将使用 H.264/AVC 编解码的视频重新使用 HEVC 对它们进行编码。由级联编码的块分割模式如图 5.2 所示。可以看出，当较大的块被 H.264/AVC 使用时，HEVC 在相同的区域使用较大块进行编码的可能性很高，反之亦然。为了更准确地分析这种对应概率，我们计算 H.264/AVC 和 HEVC 之间的块类型相似性的统计。相关性标准如下：①如果在 H.264/AVC 中使用 16×16 大小编码块，则在相同位置的 HEVC 编码中使用 64×64 、32×32 、16×16 大小的编码块；②如果 H.264/AVC 中的编码块大小小于 16×16 ，则在相同位置的 HEVC 中使用与 H.264/AVC 编码中相同大小的编码块。当满足上述 2 个条件时，就认为 2 个编码标准的分块模式是一致的。以下给出了不同视频特性和分辨率的 4 个序列的模式一致性比率，BasketballDrill 序列比例为 83.6%，BQMall 序列比例为 86.09%，vidyo1 序列比例为 93.28%，Cactus 序列比例为 87.11%。这一统计结果证明了这 2

种视频编码标准在分块模式之间的高度相关性。因此，在本章中我们可以利用来自 H.264/AVC 的分块信息来确定 HEVC 中的 CU 深度。另外，由于 HEVC 中的 CU 深度预测可以被认为是二元分类问题。因此，我们可以利用 ML 中的分类器来预测 HEVC 中的 CU 深度。

在 HEVC 标准中，运动估计（ME）占总编码时间的近 70%[19]。由于 HEVC 中的运动估计和运动补偿过程与 H.264/AVC 中的过程基本相同，所以可以使用来自 H.264/AVC 的 *MV* 作为 HEVC 中的起始预测 *MV*，以减少 HEVC 中 ME 的计算时间[19]。但是，H.264/AVC 有 8 种 MB 形状，如图 5.1（a）所示。此外，HEVC 采用了相较于 H.264/AVC 更大的 CU 和不同的 PU 分块模式：3 个对称分块模式（$2N\times2N$、$N\times2N$ 和 $2N\times N$）及 4 个非对称分块模式（$nL\times2N$、$nR\times2N$、$2N\times nD$ 和 $2N\times nU$），如图 5.1（c）所示。鉴于以上分析可得，来自 H.264/AVC 的 *MV* 不能直接在 HEVC 中使用。因此，如何使用来自 H.264/AVC 码流中的 *MV* 信息来增加 HEVC 中 *MV* 的估计速度是本章内容的另一个主要焦点。

我们基于以上分析提出本章的转码方案，本章方案主要包括 3 个部分。第 1 部分是训练一个 ML 分类器，以预测决定 HEVC 中 CU 深度。第 2 部分是特征选择处理，这一部分决定在所提出的分类器中可以利用哪些信息进行分类器训练。第 3 部分为 H.264/AVC 码流中的 *MV* 信息再利用，这一部分可以加速 HEVC 中的 *MV* 估计过程。

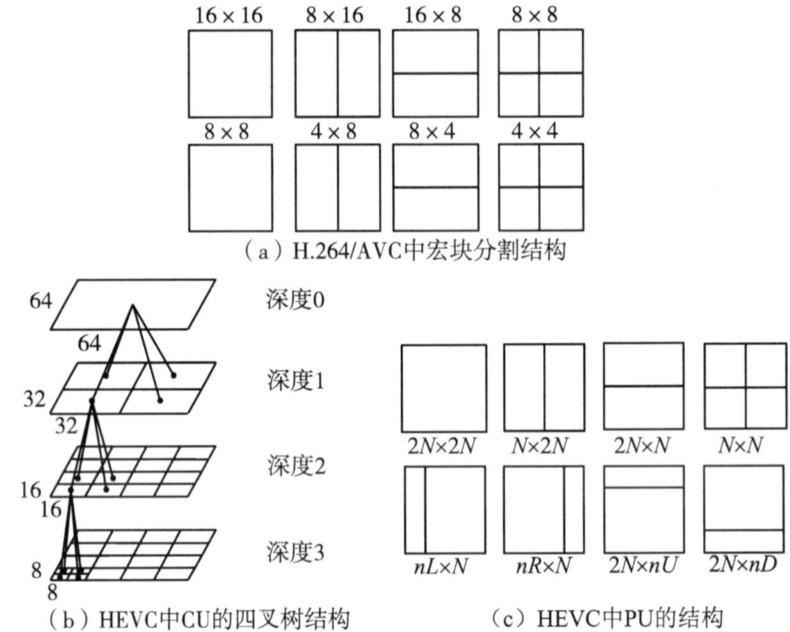

（a）H.264/AVC中宏块分割结构

（b）HEVC中CU的四叉树结构　　（c）HEVC中PU的结构

图5.1　H.264/AVC中的块分割及HEVC中的四叉树编码模式和PU结构示意图

（a）BQMall 序列和 Cactus 序列在 H.264/AVC 中的 MB 分割结果

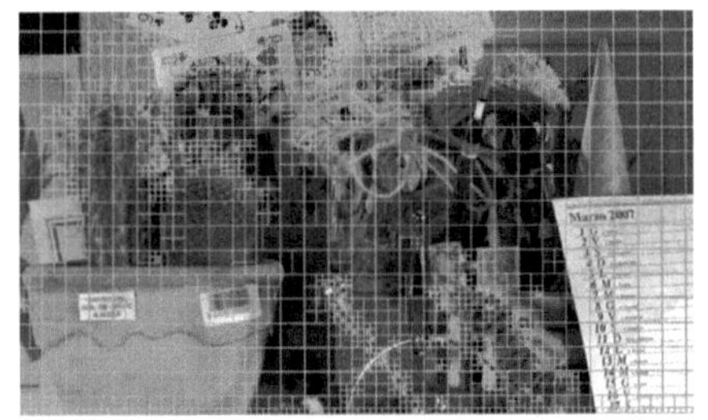

（b）BQMall 序列和 Cactus 序列在 HEVC 中的 CU 分割结果

图5.2　块分割相似性示意图

本章所提 H.264/AVC 到 HEVC 转码算法流程图如图 5.3 所示。它由 3 个阶段组成：训练阶段、预测阶段、*MV* 再利用阶段。在训练阶段，经 H.264/AVC 编码后的比特流，首先由 H.264/AVC 解码器解码，然后由 HEVC 进行编码。H.264/AVC 解码器对输入的比特流进行解码并提取训练特征。同时，HEVC 对 H.264/AVC 解码后视频的前 10 帧进行编码并提取用于训练的特征和 HEVC 中的 CU 深度信息。这些提取的特征被送入 ML 训练模型中，以训练生成一个 HEVC 中的 CU 深度分类预测器。其确定的 CU 预测模式直接在第 11 帧开始的 HEVC 编码中使用，这就减少了剩余帧中的候选 CU 四叉树深度决策数量。然后为 *MV* 再利用阶段，提取 H.264/AVC 中 MB 的 *MV* 信息以预测 HEVC 中的 *MV*。这个被用作 HEVC 运动估计过程中的整数像素预测 *MV*，此过程可以降低 HEVC 中运动估计的计算复杂度。上述 3 个阶段将在下面的内容中详细讨论。

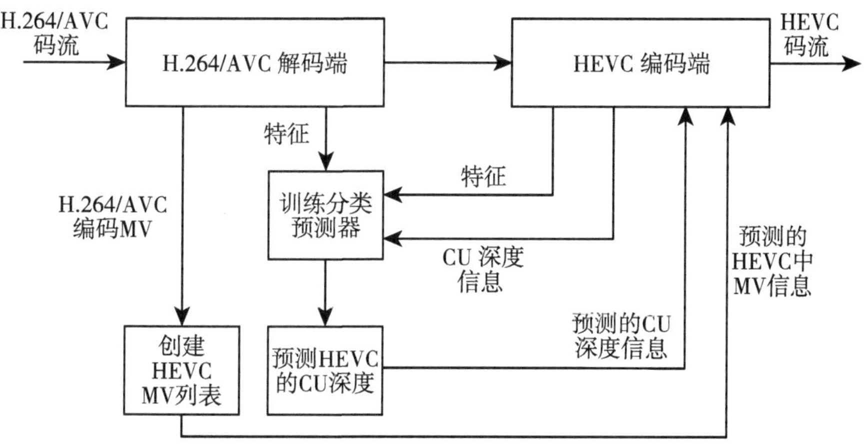

图5.3　本章所提H.264/AVC到HEVC转码算法流程图

第三节　CU深度预测训练

本节将介绍HEVC编码时CU深度预测器的训练算法。在HEVC中，CU深度预测可看作一个二元分类。许多基于监督的ML算法都可以用于二元分类，其中朴素贝叶斯（Naïve Bayesian，NB）分类器[153]因其简单而有效的特性被广泛使用。然而，NB分类器是基于每个特征与其他特征无关这一假设，而在大多数情况下这种情况很少出现。树增强的朴素贝叶斯（Tree-augmented Naive Bayesian，TAN）分类器[154]是NB的增强扩展。它可以适应特征之间的依赖关系，并在特征之间添加相互依赖性来消除NB条件独立性假设。给定输入特征中一个样本的值 $x=\{f_1,\cdots,f_n\}$，TAN计算类别变量 C 的后验概率，并选择具有最大概率的类标记[154]。

$$C=\underset{C\in\{c_1,\ldots c_k\}}{argmax}\,P(C\mid f_1,\cdots,f_n) \tag{5.1}$$

基于贝叶斯理论，式（5.1）可表示如下。

$$C=\underset{C\in\{c_1,\ldots c_k\}}{argmax}\frac{P(C)P(f_1,\cdots,f_n\mid C)}{P(f_1,\cdots,f_n)} \tag{5.2}$$

在TAN中，类节点（除了父节点之外的节点）只能有一个条件特征。因此，上式中的联合概率分布可以表示如下。

$$P(f_1,\ldots,f_n\mid C)=\prod_{i=1}^{n}P(f_i\mid pf_i,C) \tag{5.3}$$

其中，pf_i 是 f_i 的依赖特征。因此，TAN分类器可表示如下。

$$C = \underset{C\in\{c_1,\cdots c_k\}}{argmax} \frac{P(C)\prod_{i=1}^{n} P(f_i \mid pf_i, C)}{P(f_1,\cdots,f_n)} \tag{5.4}$$

为了提升 CU 深度分类器的预测精度，在本章中，TAN 用于训练和预测 CU 深度。利用 TAN 过程，使用选择的特征集和原始数据集，在 HEVC 编码对应的 CU 深度等级 0、1、2 中进行 3 个独立的 TAN 分类器训练过程。每个训练模型对应一个 TAN 分类器，每个分类器用于预测当前 CU 的编码是否进入到下一个深度。在如前所述，二元 TAN 分类器相较于传统贝叶斯分类器可以提高预测精度，但是在实际应用中，分类器总会存在错误分类这一现象，而这类错误会导致转码后的视频质量下降。在文献［155］中，提出了一种使用微调更新参数来提高分类器正确分类概率的算法。这个算法是通过找到更准确估计所需的概率项来实现。另外，这一算法的另一优点是即使训练数据较少，其也能保持较好的训练精度。依据以上概念，本章用于预测 CU 深度的分类器 TAN，也使用这种微调更新参数的算法来提升其分类预测正确率，在本章中，这一改进的算法称为 OTAN。

由式（5.4）可知，如果一个训练样本被 TAN 误分类，表明给定了样本特征的值后，分类器预测类别的预测概率 C_{pre} 高于实际类别概率 C_{act}。因此，为了提升 TAN 分类的准确性，应该增加每个特征实际类别的概率值。在 OTAN 中，通过迭代计算更新参数 δ_{t+1} 来调整实际类别的概率。调整过程可以进行如下表示［155］。

$$P_{t+1}(f_i \mid pf_i, C_{act}) = P_t(f_i \mid pf_i, C_{act}) + \delta_{t+1}(f_i \mid pf_i, C_{act}) \tag{5.5}$$

其中，t是迭代周期。随着迭代过程的进行，实际类别的概率在增加，因此分类准确度得以增加。显然，δ_{t+1}的值应该与分类错误的数量成正比。分类错误的数量计算如下。

$$\text{Error} = \frac{N_{ms}}{N_{ts}} \tag{5.6}$$

其中，N_{ms}和N_{ts}分别是错误分类样本的数量和训练数据样本的总数量。

给定样本特征的值后，如果一个样本被错误分类，从式（5.4）可以看出，就一个特征的概率值而言：若这一概率值较小，微调更新参数的值应该较大；若这一概率值较大，则微调更新参数的值应该较小。由概率特性可知，较小的概率值比较大的概率值更可能导致错误分类。换句话说，$P(f_i \mid pf_i, C_{act})$与$P(\text{Max}_i \mid pf_i, C_{act})$之间的差值越大，则错误分类的可能性就越高。其中，$P(\text{Max}_i \mid pf_i, C_{act})$为某一特征值的最大概率。因此，$\delta_i$应当也与这一差值成正比。这一差值可以进行如下表示。

$$P(\text{Max}_i \mid pf_i, C_{act}) - P(f_i \mid pf_i, C_{act}) \tag{5.7}$$

其中，如果样本被正确分类，Max_i为第i_{th}个特征所能获得的最大概率值。将式（5.6）和式（5.7）综合考虑，则δ可最终被进行如下表示。

$$\delta_{t+1}(f_i \mid pf_i, C_{act}) = \eta \times [P(\text{Max}_i \mid pf_i, C_{act}) - P(f_i \mid pf_i, C_{act})] \times \text{Error} \tag{5.8}$$

其中，η为一个0~1之间的常量，它决定了更新的速度。在本章实验中，η设置为0.2可以达到最佳效果。

如图 5.4 所示为 OTAN 训练及 δ 更新过程。整个转码过程是将一个待转码视频的帧分为 3 类，前 k 帧用于训练 TAN，这些视频帧使用原始 HEVC 进行编码。在这些帧中，训练器将收集训练特征和 CU 深度信息，并且通过这些数据训练初始的 TAN 分类器。前 k 帧之后的 m 个帧用于优化 TAN。在这 m 个帧中，$P(\mathrm{Max}_i \mid pf_i, C_{act})$、分类错误（ Error ）等这一类统计信息也将被收集，这些统计数据将用来逐帧迭代计算 δ_{t+1}。而迭代计算之后的 δ_{t+1} 也将被用来逐帧的修订 TAN 中的概率值，以提升 TAN 对 CU 深度预测的准确率。而最终被调整的概率被用在第 3 类帧中，进行最终的 CU 深度预测。在第 2 类的 m 个帧中，OTAN 算法和 HEVC 编码过程同时执行。因此，通过执行 OTAN，同时允许 HEVC 编码器做出实际编码，就可以获得所有实际类别的概率。$k+m$ 帧之后的第 3 类帧采用优化后的 CU 深度预测模型进行深度预测编码。也就是说，在第 3 类帧中，若 OTAN 的预测结果为当前 CU 应当进入下一深度进行编码，则当前 CU 将被直接分割成 4 个子 CU，并将跳过一切当前 CU 深度的编码预测过程。若 OTAN 的预测结果为当前 CU 应在当前深度进行编码，则当前的 CU 只会进行当前的 CU 深度编码预测过程，不会被拆分。OTAN 的详细过程可见算法 5.1。另外，如图 5.4 所示，前 2 类帧仅在序列的开始处存在。当然也可以在转码时每隔一个周期就插入这 2 类帧，或者通过使用场景变化检测算法[156, 157]自适应地插入。

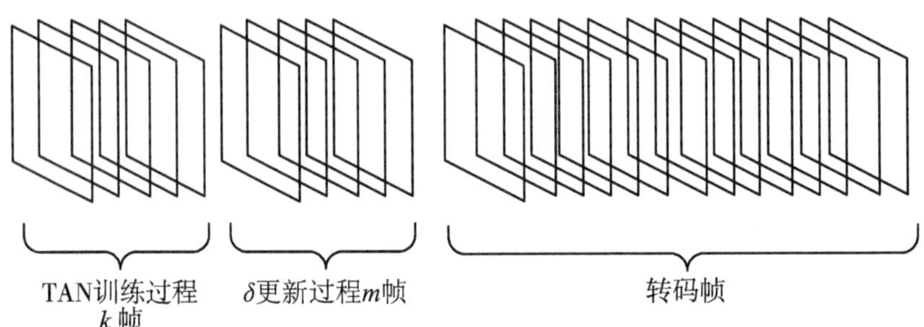

图5.4 OTAN训练及δ更新过程

算法5.1 OTAN具体步骤

输入：前 5 帧训练数据。

使用前 5 帧训练数据，训练获得 TAN 中的每一个概率值。

输出：TAN 分类预测器。

输入：后 5 帧训练数据，TAN 预测器；

For t=0，t<5，t++　　// t 为帧序号；

对于每一个训练样本；

If $C_{pre} > C_{act}$　　// 意味着样本分类错误；

由式（5.6）计算错误分类样本数；

针对每个样本的每个特征值都由式（5.8）计算 $\delta_{t+1}(f_i \mid pf_i, C_{act})$，

并将其带入式（5.6）中，$P_{t+1}(f_i \mid pf_i, C_{act})$ 的概率值进行更新；

以上过程更新后的概率值带入 TAN 模型，进行预测。

End If

End For

输出：OTAN 分类预测器。

本章所提转码算法，第 1 阶段的 k 个帧和第 2 阶段的 m 个帧分别用于训练 TAN 和优化 TAN。随着 k 和 m 的值增加，转码复杂度也随之增加。但是，如果 k 和 m 的值太小，则预测模型不够准确。在文献［123］中，讨论了利用在线视频转码器建立一个有效 ML 的转码分类模型所需的帧数。结果发现，使用更多帧进行训练，可能会得到更好的模型，但是提取前 10 帧的训练数据已能获得足够好的结果。为了证明这一点，我们比较了对于不同数目的训练帧数目，即 10 帧（5 帧用于训练，5 帧用于优化）或 20 帧（10 帧用于训练，10 帧用于优化）对本章所提 CU 深度预测器正确率的影响。从表 5.1 中可以看出，10 帧训练帧的平均预测准确率与 20 帧训练帧的平均预测准确率没有较大差别。为了在复杂性和准确性之间取得平衡，在本章中，k 和 m 的值都设置为 5。

表5.1 不同数目训练帧时CU深度预测正确率比较

视频序列	CU 深度预测正确率		
	R_{20}（20 帧用于训练）/%	R_{10}（10 帧用于训练）/%	$\Delta R=R_{20}-R_{10}$
BQMall	91.13	90.15	0.98
FourPeople	91.94	90.89	1.05
ParkScene	87.97	87.50	0.47
BQTerrace	89.37	88.65	0.72
均值	90.10	89.30	0.80

综上所述，本章所提出针对每个转码序列的预测过程都是分 2 个阶段：线上预测模型的训练及随后的预测。在预测模型训

练完毕之后（即从第 11 帧开始），由前 10 帧训练的 CU 深度预测分类器将被用于预测剩余帧的 CU 深度，并在此预测结果基础上进行 HEVC 编码。 算法 5.2 中给出了模型训练和预测的详细步骤。

算法5.2　CU深度预测过程具体步骤

阶段 1：模型训练

输入：前 10 帧训练数据；

使用 HEVC 对视频前 10 帧进行编码，并记录每个编码 CU 的深度数据；

使用在前 10 帧提取出的其他训练数据，以及记录的 CU 深度数据，训练得到最后的 OTAN 分类预测器。

输出：OTAN 分类预测器。

阶段 2：模型预测

输入：OTAN 分类预测器；

从当前转码序列的第 11 帧开始；

For t=0，<p，t++　　// t 为帧序号，p 为待转码帧的数量

　For c=0，<f, c++　// c 为当前帧中的 CU 序号，f 为当前帧中 CU 的数量

　　提取当前 CU 的特征值，使用 OTAN 对当前 CU 的深度进行预测；如果预测结果为进入下一个深度进行编码，则使用 HEVC 编码器对这一 CU 进行当前深度编码，并将这一 CU 分割为 4 个子 CU；反之，对这一 CU 仅进行当前深度编码。

　End If

End For

输出：当前 CU 的深度预测结果。

第四节 基于信息增益的特征选择

第三节提出的 CU 深度预测器，其预测精度高度依赖于训练时使用的特征。很明显，利用大量的特征值可能会产生较好的预测准确度，但这会增加训练时的复杂度。相反，若训练特征值很少，则训练出的预测器，其预测精度会降低。另外，有效特征可以提高预测精度，而无效特征可能会降低预测精度[158]。因此，为了提高第三节 CU 深度分类器的准确率和效率，本节提出了一种基于信息增益（Information Gain，IG）的特征选择算法来选择最能表征分类器的特征。

首先，本节将给出 H.264/AVC 到 HEVC 转码时，可用候选特征的总结，然后提出了一种基于 IG 的特征选择算法。由文献［124］、文献［159］、文献［160］和文献［161］中内容，我们总结了 37 个可供分类器进行训练的候选特征。这些候选特征分别来自 3 个来源：视频本身的内容信息；H.264/AVC 标准解码后的比特流；HEVC 进行编码时的编码信息。

一、候选特征总结

（一）视频本身内容信息中的候选特征

来自 H.264/AVC 解码后视频内容的 3 个候选特征被添加到初始特征集：像素梯度的均值和方差，以及连续帧之间相同位置处 MB 之间绝对差的均值（Mean Absolute Deviation，MAD）。上述

3 个特征代表视频内容空域和时域的复杂性。

（二）H.264/AVC 标准解码后比特流中的候选特征

来自 H.264 / AVC 比特流的 20 个特征被添加到初始特征集，这些特征均来自 H.264/AVC 编码时的每个 MB。对于 HEVC 中的每个 CU，定义了一个块覆盖区域。该区域定义了在 HEVC 中，一个 CU 可在 H.264/AVC 编码时的相同位置覆盖 MB 的情况，也就是说，HEVC 中的某个 CU，将其 CU 覆盖区域映射到 H.264/AVC 编码单元时，若这个 CU 的大小为 64×64，则该区域覆盖 16 个 MB；若这个 CU 的大小为 32×32，则该区域覆盖 4 个 MB。这些特征是：块覆盖区域中 *MV* 幅度的均值和方差；块覆盖区域中 *MV* 相位的均值和方差；块覆盖区域中 DCT 系数的均值和方差；块覆盖区域中非零 DCT 系数的数量；用于编码比特流的 QP 值；编码当前 MB 时的比特数；块覆盖区域中使用帧内模式编码的 MB 数量；块覆盖区域中使用 skip 模式编码的 MB 数量；块覆盖区域中使用帧间模式编码且大小分别为 16×16、8×8 和 4×4 的 MB 的数量；块覆盖区域中残差的均值和方差；块覆盖区域中编码块的编码模式；块覆盖区域中 MB 编码深度的均值和方差；块覆盖区域中 MB 对应的率失真成本（Rate Distortion Cost，RD-Cost）值。

（三）HEVC 编码过程中的候选特征

HEVC 编码时，CU 深度预测的准确度不仅与解码后的视频内容和 H.264/AVC 比特流中的特征有关，也与 HEVC 中相对应 CU 编码信息高度相关[160]。因此，与 HEVC 编码阶段有关的 14 个特征信息被添加到初始特征集中，这些特征是从当前 CU 的输出信息中提取的。其特征包括：总的帧内编码比特；skip 模式和 merge 模式编码块的数量；16×16 、8×8 、4×4 编码块的数量；CU 对应的 RD-Cost 值；CU 深度；当前 CU 中的编码深度；CU 编码深度的均值和方差；当前 CU 中子 CU 的残差均值；DCT 系数的均值和方差；连续帧之间相同位置处 CU 之间的 MAD 值。

二、基于信息增益（IG）的特征选择

基于 IG 的特征选择是一种在 ML 中十分有效的选择最相关特征子集的算法[162]。该算法会选择在分类过程中能提供最多信息增益的特征候选项。IG 的计算公式定义如下。

$$\mathrm{IG}(t)=-\sum_{i=1}^{m}p(c_i)\log p(c_i)+p(t)\sum_{i=1}^{m}p(c_i\mid t)\log p(c_i\mid t)+\\ p(\bar{t})\sum_{i=1}^{m}p(c_i\mid \bar{t})\log p(c_i\mid \bar{t}) \tag{5.9}$$

其中，$p(c_i)$ 表示任意样本属于类别 c_i 的概率，$p(t)$ 表示特征 t 的概率，$p(c_i\mid t)$ 和 $p(c_i\mid \bar{t})$ 表示样本属于类别 c_i 而在样本中分别出现 t 或不出现 t 的概率，$p(\bar{t})$ 表示 t 不存在于某一样本的概率，m 代表类别总数。显然，$\mathrm{IG}(t)$ 的值越大，表示特征 t 给这个类增加了更多的信息增量，也就是说这个特征具有更大的重要性。因此，具有较大 IG 值的特征应当被用于训练所提出的 CU 深度预测分类器中。

显然，使用具有最大 IG 值的单个特征并不能保证最佳的分类结果，而应当将这些特征进行组合使用[154]。因此，本节的特

征选择算法将综合考虑特征组合。假设候选特征总数为 M，最终选取的特征数量为 K，那么，通过从 M 个特征中选择 K 个特征来创建特征组合。针对上述问题，本节提出了一种基于信息增益的特征选择（Feature Selection Based on Information Gain，FSIG）算法来选择最终的特征子集。我们采用后向选择法进行特征选择，该过程从一组原始的特征开始，然后在每次迭代步骤中去除冗余特征。为了创建能更好的反应不同特性转码视频的特征子集，我们选择了 5 个序列进行特征子集选择算法。选择序列的标准依照 ITU-T P.910[163] 中给出的建议，最终选择了不同分辨率和不同运动特性的序列。因此，PeopleOnStreet 序列（2560×1600）、ParkScene 序列（1920×1080）、FourPeople 序列（1280×720）、BQMall 序列（832×480）和 BQSquare 序列（416×240）被选择作为 FSIG 算法的应用序列。使用值为 {22、27、32、37} 的 4 个量化参数（QP）来对这些序列进行编码。然后，使用 HEVC 对这些视频进行编码，并记录 37 个候选特征的值和 CU 分割标志。并将这些值带入信息增益（IG）的特征选择过程，以选出最终的特征。FSIG 具体步骤如算法 5.3 所示。

算法5.3　FSIG具体步骤

输入：初始候选特征集合 T，初始特征集合中的特性数量 M=37；

初始化：$S=T, \delta_{ini}$；

For $1 \leqslant i \leqslant M$

　If $\delta_{temp} \leqslant \delta_{ini}$

由式（5.9）计算 S 中去除特征 f 后的特征增益 $G(S-f_i)$；

选择最大 $G(S-f_i)$ 值所对应的特征 f_i，并将其从 S 中去除。

End If

End For

输出：最终保留的特征，并作为最后的 CU 深度预测特征集。

由算法 5.3 的过程可知，δ_{temp} 和阈值 δ_{ini} 的选择非常关键。如果阈值太小，一些重要的特征值将不会被选择。相反，如果阈值太大，则将在最后的特征子集中出现冗余特征。一致性度量法是计算这类阈值时一个十分有效的算法。给定 2 个样本，若他们的特征值均相同，但所属类别不同，则认为他们是不一致的。一致性度量即表示数据集中不一致的样本数与总样本数之间的比率。特征子集的不一致性计数是具有相同特征值但属于不同类别的样本数[164]。因此，在算法 5.3 中，初始特征集 T 的不一致率为 δ_{ini}。在每次循环执行时，计算不一致率 δ_{temp} 以去除一个对当前集合信息增益贡献最小的特征。在循环过程中，出现 δ_{ini} 与 δ_{temp} 大致相等的情况，则表示 S 和信息量已相同，特征选择过程结束，否则，选择过程继续进行。

根据 FSIG 算法，我们最终选择了 9 个用于 CU 深度预测分类的特征：①连续帧之间相同位置处 MB 之间绝对差的均值（MAD）；②块覆盖区域 MV 相位的方差；③块覆盖区域非零 DCT 系数的数量；④块覆盖区域编码 MB 的比特数；⑤ MB 深度的方差；⑥块覆盖区域 skip 编码 MB 的数量；⑦ HEVC 中使用 merge 编码 CU

的数量；⑧编码当前 CU 的 RD-Cost；⑨连续帧之间相同位置处 CU 之间绝对差的均值（MAD）。

第五节　基于*MV*再利用的快速运动估计

运动估计是 HEVC 编码过程中最重要也是最耗时的环节之一。由于 HEVC 中的运动估计和运动补偿过程与 H.264/AVC 中的过程基本相同，因此 HEVC 中由 ME 算法找到当前 PU 的 *MV*，通常与 H.264/AVC 中同位置编码块的 *MV* 相似度很高[19]。然而，由于 HEVC 中进行运动估计时的编码块大小不同于 H.264/AVC 中进行运动估计时的编码块大小，因此来自 H.264/AVC 码流中的 *MV* 不能直接用作 HEVC 编码块的最终 *MV*。基于以上观察，我们在本节提出了一种基于 *MV* 再利用的 HEVC 快速运动估计算法，以便在转码时，为 HEVC 中当前 CTU 创建一个 *MV* 候选者列表。该列表将被用作 HEVC 运动估计时的整数像素预测 *MV*，以降低 HEVC 中运动估计复杂度。在得到整像素 *MV* 初步估计后，再应用亚像素运动估计来找到所提出转码算法中 HEVC 的最终 *MV*。本节给出的待选择 *MV* 列表包括：①与 HEVC 编码当前 CTU 的同一位置处 H.264/AVC 编码块的 *MV*；② HEVC 编码当前 CTU 时，其相邻 CTU 中的 *MV*。对于第②种情况，列表中的 *MV* 很容易在转码已完成的 CTU 中找到。对于情况①，要分 3 类讨论。这 3 类

MV 获得途径包括：① H.264/AVC 中对应 MB 的 *MV* 直接映射到 HEVC 中 PU 对应的 *MV*，在这种情况下，来自 H.264/AVC 的 *MV* 可以直接用作 HEVC 中当前 PU 的 *MV*；② H.264/AVC 中相同大小的几个 MB 对应的 *MV* 合并成 HEVC 中一个 PU 所对应的 *MV*，此时 HEVC 中 PU 的 *MV* 应根据 H.264/AVC 的 *MV* 进行加权获得；③在 H.264/AVC 中具有不同形状和大小的几个 MB 所对应的 *MV* 合并成 HEVC 中一个 PU 的 *MV*，在这种情况下，应该在 *MV* 加权算法中分析 MB 的面积大小因素。以上 3 种 *MV* 的详细计算在下面内容中给出。

一、 H.264/AVC中*MV*直接映射到HEVC时的PU

当 HEVC 编码时的 CU 大小不大于 H.264/AVC 中 MB 的大小时，所有 MB 的形状和大小都可以在 HEVC 中找到匹配的块。因此，MB 的 *MV* 可以直接映射到 HEVC 编码时的 PU 中。因此，在这种情况下，HEVC 中 PU 的 *MV* 如图 5.5 定义，其中，MV_1 和 MV_2 是 H.264/AVC 中 MB 的 *MV* 值，MV_3 和 MV_4 为处于同位置使用 HEVC 编码时 PU 的 *MV*。

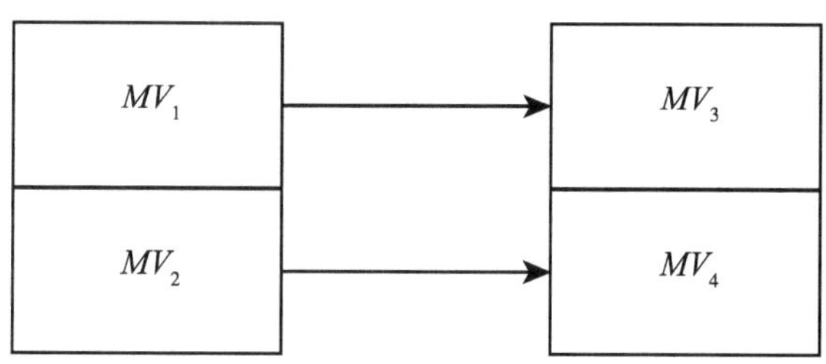

图5.5　H.264/AVC中*MV*直接映射到HEVC中PU时的*MV*预测

二、H.264/AVC中相同形状/大小块对应*MV*映射到HEVC时的PU

由图 5.1 可以看出，H.264/AVC 中最大的 MB 其大小为 16×16，而在 HEVC 中最大编码块 LCU 其大小为 64×64。因此，对于相同的视频序列，2 个或 4 个相邻 MB 可以合并为 HEVC 中的 1 个 PU。如果 MB 具有相同的形状和面积，则可以通过这些 MB 对应 *MV* 的均值近似表示 HEVC 中 PU 的 *MV*。因此，若 2 个 MB 对应的 *MV* 合并为 HEVC 中 PU 的 *MV*，此时 $MV_5=(MV_1+MV_2)/2$，如图 5.6（a）所示。对于 4 个 MB 对应的 *MV* 合并为 HEVC 中 PU 的 *MV*，$MV_5=(MV_1+MV_2+MV_3+MV_4)/4$，如图 5.6（b）所示。$MV_1$ 到 MV_4 分别是 H.264/AVC 中 MB 的 *MV* 值，MV_5 是 HEVC 中 PU 的 *MV* 值。

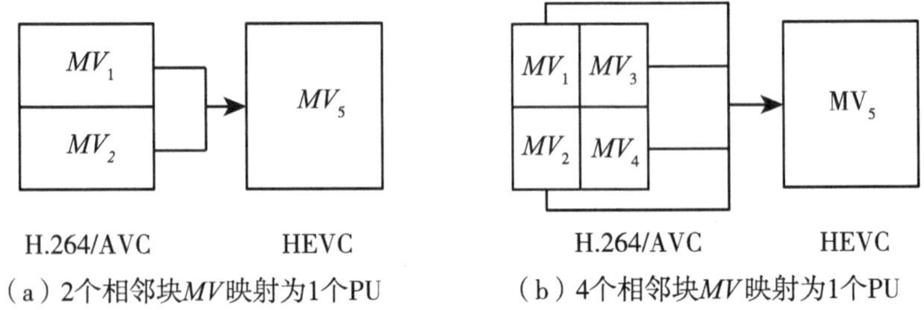

（a）2个相邻块*MV*映射为1个PU （b）4个相邻块*MV*映射为1个PU

图 5.6 H.264/AVC中相同形状/大小块对应*MV*映射到HEVC中PU时的*MV*预测

三、H.264/AVC中不同形状/大小块对应*MV*映射到HEVC时的PU

如图 5.1（c）所示为 HEVC 中 PU 的结构。在这种 PU 结构下，相邻 MB 所映射 PU 的大小和形状是不相同的，如图 5.7 所示。因此，

此时应该在 *MV* 加权算法中分析 MB 的大小。例如，用于 $nL\times2N$ 大小 PU 模式的 *MV* 合并算法如图 5.8 和图 5.9 所示。在图 5.8 中，PU 的 *MV* 由下式获得。

$$MV_l=\sum_{i=1}^{4}w_i\times MV_i \tag{5.10}$$

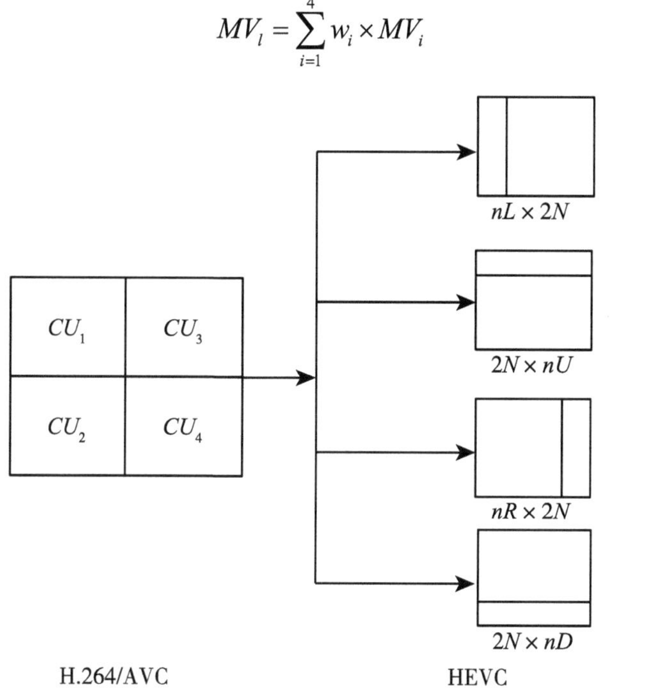

图5.7　非对称PU模式映射

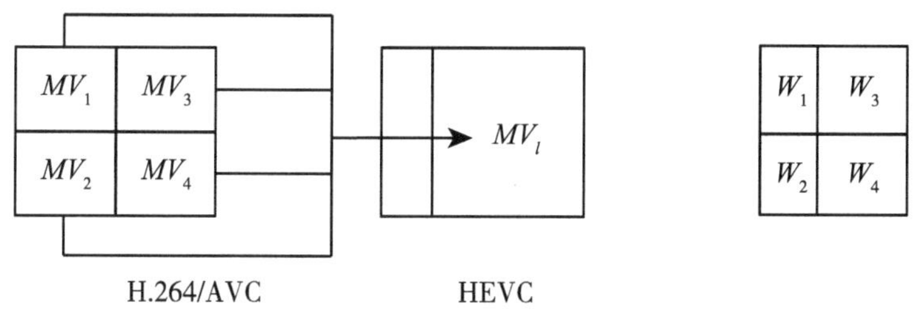

（a）4个相邻块*MV*映射为1个较大PU　　（b）加权系数

图 5.8　H.264/AVC中不同形状/大小块对应*MV*映射到HEVC中较大PU时*MV*预测

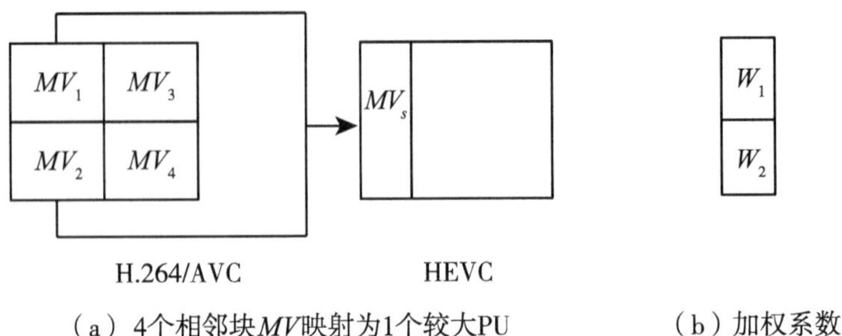

（a）4个相邻块*MV*映射为1个较大PU　　（b）加权系数

图 5.9　H.264/AVC中不同形状/大小块对应*MV*映射到HEVC中较小PU时*MV*预测

在图 5.9 中，PU 的 *MV* 由下式获得。

$$MV_s = \sum_{i=1}^{2} w_i \times MV_i \tag{5.11}$$

此时，MV_l 和 MV_s 分别表示 HEVC 中较大面积和较小面积 PU 的 *MV*，w_i 代表加权系数。为了获得以上两式中的加权系数值，定义一个参数 A_i，它表示每个 MB 和相对应 PU 之间的面积比。很显然，A_i 的值越大，MB 所对应 *MV* 与 PU 所对应 *MV* 的相关性越强。基于上述理论，对于图 5.8 的情况，$w_1 = w_2 = 1/4$，$w_3 = w_4 = 1/2$。对于图 5.9 的情况，$w_1 = w_2 = 1/2$。对于其他情况，如 $2N \times nU$、$2N \times nD$ 和 $nR \times 2N$，其计算方法与以上方法相同，这里不再赘述。

第六节　实验结果和分析

为了评估本章所提转码算法的效果，所有测试序列都使用 22、27、32 和 37 的 QP 进行编码。H.264/AVC 比特流使用 JM 参考软件版本18.4[165]进行解码，并且采用快速全搜索运动算法，搜索范围为32个像素，其他为默认设置。解码后的比特流在训练阶段由标准HEVC编码器编码。同时，对于所提出的算法，解码后的比特流由本章所提出的转码器进行编码。所提出的转码算法是在基于版本为16.0的HM参考软件[166]上进行的，CU大小为64×64，最大深度为4，包括RDOQ、SAO等设置为1，其他均为默认设置。实验全部在2.4GHz的Intel Core i7-4700HQ CPU个人计算机上执行。使用BD-rate[167]和BD-PSNR[167]来衡量本章算法的RD性能。使用ΔT来描述转码时间的减少比率。如式（5.12）所示，其中$Time_{ANCHOR}$表示使用级联方式对视频编码所需的编码时间，$Time_{P}$为本章所提转码器编码视频所需的时间，其中包含了训练时间和解码时间。以上时间都是使用4个QP进行编码的均值。

$$\Delta T=\frac{Time_{P}-Time_{ANCHOR}}{Time_{ANCHOR}}\times 100\% \qquad (5.12)$$

本章所提转码算法是在CU深度分别为0、1和2时，进行了3个CU深度预测。因此，表5.2给出了单独使用某一深度预测器和综合使用多个预测器时的转码性能比较，需要注意的是，在以上对比中，都使用了MV再利用算法。使用重用运动矢量的第0层到重用运动矢量的第2层来表示3个CU深度预测级别。可以看出，只使用重用运动矢量的第0层时，也就是说，只在CU深度为0时的编码块进行深度预测，其他深度保持HEVC原始编码过程，并且仅对深度为0的PU使用基于MV再利用的快速运动估计算法，本章所提转码算法较级联转码算法平均可降低 41.2% 的编码时间，同时平均 BD-PSNR 和 BD-BR 值分别为 -0.02dB 和 0.43%。这表明所提出的转码算法在仅使用一级 CU 深度预测器时，就可以实现一定的转码时间减少效果，并且 RD 性能下降可忽略不计。对于所有 3 个分类器（0 + 1 + 2 级）都同时进行预测，本章算法的转码时间平均可以减少 74.7%。这个结果说明，随着算法应用到更深 CU 层，它可以降低更多的转码时间，并且无明显的 RD 质量下降。由表 5.2 结果可以得出，本章转码算法不但可在保持视频质量前提下，大大降低转码时间。同时，也可由用户从自身使用条件出发，在转码复杂性和质量之间进行权衡，自主决定预测器使用级别。为了更直观地比较本章所提转码算法较级联转码算法的率失真性能，我们在图 5.10 中给出了不同序列的率失真曲线图。由图 5.10 可以看出本章所提转码算法的 RD 曲线与级联转码算法的 RD 曲线基本重合，这说明本章算法在降低了转码复杂度的同时，保持了转码后视频的 RD 性能。

显然，CU 深度预测分类的准确性对于本章所提出的转码算法是至关重要的，因为它直接影响 CU 分块大小的准确性，从而影响转码后视频的 RD 性能。如图 5.11 所示为 CU 分块情况比较。如图 5.11（a）所示为标准 HEVC 编码时 CU 分块结果，如图 5.11（b）所示为所提转码算法 CU 分块结果。可以看出，所提转码算法可以正确预测绝大多数的 CU 尺寸。另外，如表 5.3 所示为 CU 分块预测正确比率。可以看出，对各类视频序列，所提预测算法的 CU 预测准确度都较高，这表明了所提 CU 深度预测算法的准确性。

表5.2　本章算法与标准HEVC在编码时间及RD性能上的对比

视频序列	重用运动矢量的第 0 层			重用运动矢量的第 1 层			重用运动矢量的第 2 层		
	BD-rate/%	BD-PSNR/dB	ΔT/%	BD-rate/%	BD-PSNR/dB	ΔT/%	BD-rate/%	BD-PSNR/dB	ΔT/%
Traffic	0.26	-0.003	-34.3	1.30	-0.008	-67.3	3.30	-0.110	-80.3
SteamTrain	0.06	-0.009	-28.6	0.18	-0.018	-56.6	0.16	-0.025	-64.6
PeopleOnStreet	-0.70	0.004	-39.9	-3.22	0.021	-73.9	-4.70	0.056	-83.9
NebutaFestival	0.08	-0.003	-35.4	0.43	-0.009	-64.4	0.31	-0.049	-75.4
Kimono	0.35	-0.035	-29.2	2.62	-0.066	-52.2	3.95	-0.085	-79.2
ParkScene	0.29	-0.005	-82.2	1.49	-0.013	-64.4	2.09	-0.067	-82.2
Cactus	-0.44	-0.007	-34.6	1.62	-0.041	-61.6	2.49	-0.074	-73.6
BasketballDrive	0.27	-0.017	-39.7	-1.13	-0.230	-54.7	1.27	-0.070	-69.7
BQTerrace	0.23	-0.005	-31.0	0.57	-0.013	-47.0	0.53	-0.035	-61.0
RaceHorses	-0.04	-0.007	-37.5	0.34	-0.010	-61.5	0.64	-0.027	-77.5
PartyScene	0.16	-0.005	-27.6	0.94	-0.046	-58.2	1.64	-0.075	-79.6
BQMall	0.23	-0.013	-41.5	1.87	-0.094	-52.5	3.13	-0.129	-74.5
BasketballDrill	0.49	-0.003	-32.3	0.85	-0.034	-60.3	1.49	-0.060	-72.3
BlowingBubbles	0.36	-0.014	-32.0	1.76	-0.002	-50.0	3.68	-0.021	-68.0
BQSquare	0.14	-0.008	-37.6	1.43	-0.014	-42.6	4.04	-0.048	-67.6
BasketballPass	-0.49	0.042	-37.4	0.75	-0.012	-63.4	1.49	-0.072	-77.4
FourPeople	0.84	-0.073	-54.2	3.50	-0.448	-72.2	2.41	-0.873	-87.2
Johnny	2.45	-0.180	-58.3	3.74	-0.048	-56.3	4.45	-0.081	-67.3
KristenAndSara	3.46	-0.032	-50.7	2.62	-0.055	-65.7	4.46	-0.089	-78.7
均值	0.43	-0.020	-40.2	1.14	-0.060	-59.2	1.94	-0.102	-74.7

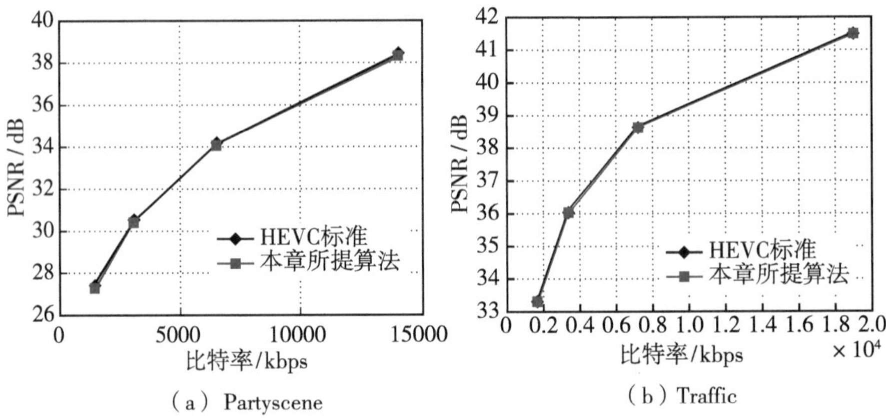

（a） Partyscene　　（b）Traffic

图5.10　率失真性能比较

（a）标准 HEVC 编码时 CU 分块结果

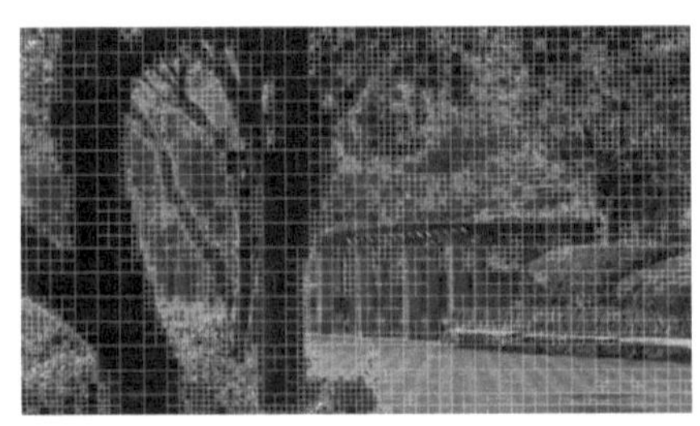

（b）所提转码算法 CU 分块结果

图5.11　CU分块情况比较

表 5.3　CU分块预测正确比率

视频序列	QP	CU 分块预测正确比率		
		Level 0/%	Level 1/%	Level 2/%
BQMall	22	88.29	91.34	92.56
	27	86.94	94.19	89.32
	32	86.97	88.17	91.04
	37	84.72	91.19	89.27
FourPeople	22	88.73	91.08	91.42
	27	89.51	90.80	92.37
	32	92.92	92.64	94.54
	37	93.88	94.09	91.24
ParkScene	22	92.51	87.60	91.47
	27	84.01	88.15	90.34
	32	89.74	85.41	91.04
	37	82.76	91.32	88.31
BQTerrace	22	92.94	90.23	96.27
	27	86.99	86.68	92.30
	32	85.27	83.80	90.37
	37	87.69	90.98	88.93

如表 5.4 所示为本章算法与其他转码算法（即 Peixioto[124]、Mora[119] 和 Xu[123]）在编码时间及 RD 性能上的对比。所有比较的算法都使用相同配置（只有一个参考帧的 LD 配置）。从表 5.4 中可以看出，所提出的转码算法在平均复杂度方面降低了 77.3%，优于其他 3 种算法。从表 5.4 数据可以看出，所提算法在各方面都要优于 Mora[119] 算法。与其他 2 种转码算法相比，所提出算法实现了转码时间显著降低的同时保持 RD 性能基本不变。因

此，我们得出结论，本章算法在转码性能方面比其他对比算法更有效。在一些序列中，所提算法的 BD-rate 略高于 Peixioto[124] 和 Xu[123]，但是所提算法在降低复杂度方面相较于 Peixioto[124] 和 Xu[123] 优势比较明显。

表5.4 本章算法与其他转码算法在编码时间及RD性能上的对比

视频序列	Peixioto[124]		Mora[119]		Xu[123]		所提算法	
	BD-rate/%	ΔT/%	BD-rate/%	ΔT/%	BD-rate/%	ΔT/%	BD-rate/%	ΔT/%
Traffic	2.10	−48.7	1.20	−48.0	1.20	−62.17	3.3	−80.3
PeopleonStreet	3.50	−66.1	3.10	−59.0	0.67	−50.40	−4.7	−83.9
Kimono	1.31	−44.5	1.10	−44.0	1.14	−66.47	3.95	−79.2
ParkScene	1.37	−44.2	3.50	−44.0	1.32	−62.79	2.09	−82.2
RaceHorses	2.50	−44.8	4.40	−39.0	0.74	−60.78	0.64	−77.5
BQMall	3.14	−46.6	4.30	−38.0	1.33	−63.07	3.13	−74.5
BasketballDrill	1.98	−43.9	4.30	−34.0	1.00	−59.61	1.49	−72.3
BlowingBubbles	1.98	−43.9	4.80	−55.0	0.85	−36.33	3.68	−68.0
BasketballPass	3.20	−47.9	4.70	−45.0	0.83	−40.09	1.49	−77.4
FourPeople	2.26	−54.2	4.30	−22.0	1.86	−74.55	2.41	−87.2
均值	2.33	−48.48	3.57	−42.8	1.09	−57.63	1.78	−78.25

为了检测所提转码算法在含有场景变换视频序列中的性能，我们将 3 个视频序列（BasketballDril、BQMall 和 Keiba）拼接在一起做了一个新的级联序列，这 3 个序列的帧数量分别为 100 帧、120 帧和 140 帧，这个级联的视频序列用来模拟场景变换，我们将这个序列命名为 SC 序列。要对 SC 序列进行转码，首先要使

用 H.264/AVC 对 SC 序列进行编码，在编码的同时我们使用文献［157］中的算法对 SC 序列场景变换进行自适应的检测，并记录场景变换帧的帧号。在 H.264/AVC 标准中，帧内编码（Intra）模式用来去除一帧中的冗余信息，帧间编码（Inter）模式用来去除相邻帧间的冗余信息。这些预测模式的特征可以在场景变换的检测中使用。当场景改变，当前帧在进行帧间预测时无法有效地在前一帧中找到相似的块，以此当前帧的 Intra 模式块明显增加而 Inter 模式或 Skip 模式块相应减少[157]。式（5.13）表示视频序列编码时，第 *n* 帧中 Intra 模式相较于帧间和跳过模式的比率。其中 *Intra* 为第 *n* 帧中采用 Intra 编码模式的块数量，*Inter* 和 *Skip* 分别表示第 *n* 帧中分别采用 Inter 模式和 Skip 模式编码的块数量，分子和分母都加 1 是为了避免零值出现。如果 S_n 的值大于阈值 *T*，则意味着当前帧中，选择 Intra 模式编码的块大大增加，因此这一帧就可被定位是场景变换帧[157]。经过试验，当 T=0.12 时，效果最佳。

$$S_n = \frac{Intra + 1}{Inter + Skip + 1} \tag{5.13}$$

在确定了场景变换的帧号后，将 H.264/AVC 编码后的码流及场景变换帧的帧号一并送入本章所提出的转码器。在使用转码器进行转码的过程中，一旦遇到场景变换帧，就对 CU 深度预测器进行重新训练，以适应新的预测场景。由于 SC 序列需要重新进行预测器训练，这一过程需要耗费一些额外的时间。因此，SC 序列使用本章转码算法所需的转码时间较标准 HEVC 编码时间降低了约 71.71%，虽然这一时间降低结果较不适用预测器重新训练的视频序列有所下降，但转码时间的降低仍较为明显。

第七节 总 结

本章提出了一种快速的 H.264/AVC 到 HEVC 转码算法。该算法基于优化的 TAN 分类器和 *MV* 再利用算法。首先，该算法提高了传统 TAN 分类器的预测性能，增加了 HEVC 编码单元深度预测的精度。另外，提出了一种有效的特征选择算法，提高了预测的准确性。为了进一步降低转码复杂度，还提出了一种 *MV* 再利用算法，其中通过对加权组合 MB 中的 *MV* 来预测 HEVC 中 PU 的 *MV*。实验结果表明，所提出的转码算法在编码质量和转码复杂度之间取得了平衡。在 RD 性能变化很小的前提下，明显降低了转码时间。

第六章

总结与展望

H.264/AVC 视频压缩标准是目前实际应用的主要视频压缩标准之一，随着下一代更高性能的视频压缩标准 HEVC 的出现，H.264/AVC 标准作为目前视频压缩应用市场中主要技术标准的地位势必会被 HEVC 标准取代。自 HEVC 标准提出以来，其中的核心技术和编解码框架都趋于成熟。如何借助其他新的技术，以进一步提升 HEVC 标准的压缩性能，并使 HEVC 压缩编码之后的视频能更好的适配目前的视频传输、存储环境，逐渐成为国内外研究学者的研究热点。因此，本书主要研究了借助空 / 时域超分辨算法来提升 HEVC 压缩性能、HEVC 中的 I 帧码率控制和 H.264/AVC 到 HEVC 转码方面的工作。在充分研究了 HEVC 视频编码特点的基础上，引入了超分辨技术，提出了将超分辨技术与 HEVC 相结合的视频编码框架。同时，在分析了 HEVC 的一些关键技术中所存在问题的基础上，提出了相应的改进算法。具体对研究内容和研究成果的总结及对相关技术研究的展望如下。

第一节 总　　结

本书的总体研究内容及成果如下。

在本书第二章中，一种利用时域超分辨技术来提升 HEVC 压缩性能的视频编码框架被提出。该框架首先在 HEVC 编码端，对待编码视频进行自适应抽帧，以通过减少编码帧数的方式，降低 HEVC 编码后的数据量。在 HEVC 解码端，利用基于 HEVC 编码后码流中信息的时域超分辨算法，恢复出编码端抽取的视频帧。由于本章算法充分利用了码流中已有的 *MV* 信息，并将 HEVC 编码分块信息引入到恢复抽取帧的过程中。因此，所提算法有效降低了解码端的复杂度。实验结果表明，在低码率段本章所提视频编码框架的压缩性能相较于 HEVC 有一定优势。

在本书第三章中，一种利用空域超分辨技术来提升 HEVC 压缩性能的视频编码框架被提出。该框架首先在 HEVC 编码端，自适应地将待编码帧分为关键帧与非关键帧。其中，关键帧在 HEVC 编码时，保持原始大小。而非关键帧则进行下采样，然后使用 HEVC 进行编码。由于大部分视频帧分辨率被降低，所以经 HEVC 编码后的视频数据量也相应地降低。在解码端，使用基于深度学习的空域超分辨算法，将非关键帧恢复到原始大小。为了进一步提升经超分辨恢复后非关键帧的视频质量，本章引入了基于关键帧信息的非关键帧视频质量补偿后处理算法。实验结果表明，本章所提视频编码框架，在低码率段较好地提升了 HEVC 的视频压缩性能。

在本书第四章中，出于对 HEVC 压缩编码之后视频，所面临的传输带宽最优利用问题，对 HEVC 中 I 帧的码率控制算法进行了改进。首先对 I 帧的复杂度进行了分析，并提出了空 / 时域联合表示 I 帧图像复杂度计算方法。随后给出了 I 帧编码比特与复杂度之间的关系。利用这一关系，提出了基于帧层、LCU 行层、LCU 层的 3 层 I 帧码率控制算法。由于在进行 I 帧码率控制时，引入了时域复杂度预测算法，使每一帧在第一个 LCU 行可进行编码时即可进行 I 帧码率控制，因此所提算法降低了由于编码缓冲区造成的端到端传输延时。实验结果表明，在保证比特率传输稳定的前提下，本章码率控制算法的缓冲区数据滞留量明显低于已有的码率控制算法。

在本书第五章中，提出了一种基于机器学习的 H.264/AVC 到 HEVC 转码算法。首先分析比较了 H.264/AVC 与 HEVC 之间在编码技术方面的异同，提出了基于机器学习的 CU 深度预测算法。随后针对机器学习的训练效率问题，提出了基于信息增益的特征选择算法。由于在 HEVC 编码过程中，*MV* 估计是最耗时的环节。针对这一问题，又提出了一种基于 H.264/AVC 码流中 *MV* 再利用的 HEVC 快速 *MV* 估计算法。实验结果表明，本章提出的 H.264/AVC

到 HEVC 转码算法能在 RD 性能损失较小的情况下，明显降低转码时间。

第二节 展 望

本书是作者的研究工作总结，希望能通过本书给从事视频压缩编码研究领域的同行一点参考。但是由于本人水平和见解有限，仅提出以下几点或许可以进行更为深入研究的方向。

本书使用的超分辨率重建技术是基于时域或基于深度学习的空域超分辨率重建算法。超分辨重建技术目前已取得长足的进步，重建出的图像质量已较高。但如何改进现有的超分辨算法，以进一步提升重建视频的质量，是一项十分有意义的工作。另外，目前所使用的重建技术未考虑压缩时引入的噪声，研究克服压缩噪声的后处理算法也具有重要意义。

目前基于深度学习的超分辨技术，相较于基于重建和基于学习的超分辨算法，其算法复杂度已大为降低。但基于深度学习超分辨技术在重建视频时的时间相较于传统视频的解码时间，仍具有较大的劣势。若能改善这一问题，将会扩大本书所提框架的应用范围。因此，进一步降低超分辨算法复杂度地研究势在必行。

随着 3D 视频源越来越丰富，尤其是影院中 3D 影片的放映越来越普遍及 3D 视频电视逐渐普及。人们对 3D 视频经编码后的视觉感受和观看 3D 视频的手段要求越来越高。因此，该方向也势必会成为研究热点。

参 考 文 献

[1] Sullivan G J, Ohm J, Han W J, et al. Overview of the High Efficiency Video Coding (HEVC) Standard [J]. IEEE Transactions on Circuits and Systems for Video Technology, 2012, 22 (12): 1649–1668.

[2] Wiegand T, Ohm J R, Sullivan G J, et al. Special Section on the Joint Call for Proposals on High Efficiency Video Coding (HEVC) Standardization [J]. IEEE Transactions on Circuits and Systems for Video Technology, 2010, 20 (12): 1661–1666.

[3] Bross B, Han W J, Sullivan G J, et al. High efficiency video coding (HEVC) text specification draft 6 [C]. ITU-T/ISO/IEC JCT-VC Document JCT-VC L1003, 2013.

[4] Pallett J. State of HEVC Bitrates in 2014: Comparing HEVC, H.264, and MPEG-2 [J]. Smpte Motion Imaging Journal, 2015, 124 (7): 31–42.

[5] 卓力，张菁，李晓光 . 新一代高效视频编码技术 [M]. 北京：人民邮电出版社，2013.

[6] Na T, Kim M C, Hahm S, et al. A fast 4x4 intra mode decision for inter frame coding in H.264/MPEG-4 Part 10 [C]. IEEE International Conference on Broadband Multimedia Systems and Broadcasting, 2008: 1–5.

[7] Wang Z, Zeng H, Chen J, et al. Key techniques of High Efficiency Video Coding standard and its extension [C]. IEEE International Conference on Industrial Electronics and Applications, 2014: 1169–1173.

[8] Antenehayele E, B. Dhok S. Review of Proposed High Efficiency Video Coding (HEVC) Standard [J]. International Journal of Computer Applications, 2012, 59 (15): 1–9.

[9] JCT–VC. Test model under consideration [C]. ITU–T/ISO/IEC JCT–VC Document JCT–VC A205, 2010.

[10] McCann K. Tool experiment 12: Evaluation of TMuC tools [C]. ITU–T/ISO/IEC JCT–VC Document JCT–VC B312, 2010.

[11] Wiegand T, Han W J, Bross B, et al. WD2:Working draft 2 of high-efficiency video coding [C]. ITU–T/ISO/IEC JCT–VC Document JCT–VC D503, 2011.

[12] Wiegand T, Han W J, Bross B, et al. WD3:Working draft 3 of high-efficiency video coding [C]. ITU–T/IS0/IEC JCT–VC Document JCT–VC E603, 2011.

[13] Bross B, Han W J, Ohm J R, et al. WD4: Working draft 4 of high-efficiency video coding [C]. ITU–T/IS0/IEC JCT–VC Document JCT–VC F803, 2011.

[14] Bross B, Han W J, Ohm J R, et al. WD5: Working draft5 of high-efficiency video coding [C]. ITU–T/IS0/IEC JCT–VC Document JCT–VC G1103, 2011.

[15] Bross B, Han W J, Ohm J R, et al. High efficiency video coding (HEVC)

text specification draft6 [C]. ITU-T/ISO/IEC JCT-VC Document JCT-VC H1003, 2012.

[16] ITU-T. High efficiency video coding, ITU-T Recommendation H.265 and ISO/IEC23008-2 (HEVC) [C]. ITU-T/ISO/IEC JTC1 Document JCT-VC H1004, 2013.

[17] Tech G, Wegner K, Chen Y, et al. MV-HEVC Draft Text 3 and ISO/IEC 23008-2 [C]. ITU-T/ISO/IEC JCT-VC Document JCT-VC P2002, 2013.

[18] Ramezanpour M, Zargari F. Early termination algorithm for CU size decision in HEVC intra coding [C]. Iranian Conference on Machine Vision and Image Processing, 2015: 45-48.

[19] Pourazad M T, Doutre C, Azimi M, et al. HEVC: The New Gold Standard for Video Compression: How Does HEVC Compare with H.264/AVC [J]. IEEE Journal of Consumer Electronics Magazine, 2012, 1 (3): 36-46.

[20] Han W J, Min J, Kim I K, et al. Improved Video Compression Efficiency Through Flexible Unit Representation and Corresponding Extension of Coding Tools [J]. IEEE Transactions on Circuits and Systems for Video Technology, 2010, 20 (12): 1709-1720.

[21] Nguyen T, Helle P, Winken M, et al. Transform Coding Techniques in HEVC [J]. IEEE Journal of Selected Topics in Signal Processing, 2013, 7 (6): 978-989.

[22] Yuan Y, Zheng X, Liu L, et al. Non-square quadtree transform structure for HEVC [C]. IEEE International Conference on Picture Coding Symposium, 2012: 505-508.

[23] Park S, Ryoo K. The hardware design of effective SAO for HEVC decoder [C]. IEEE International Conference on Consumer Electronics, 2013: 303-304.

[24] 张良培，沈焕锋，张洪艳，等.图像超分辨率重建[M].北京：科学出版社，2012.

[25] 杨宇翔.图像超分辨率重建算法研究[D].合肥：中国科学技术大学，2013.

[26] 邓敏军.基于 Bandelet 变换的时空域图像超分辨重建研究[D].重庆：重庆大学，2016.

[27] 罗宁，方向忠，张文军.便于硬件实现的视频格式转换算法的研究[J].红外与激光工程，2003，32（4）：427-431.

[28] Haavisto P, Juhola J, Neuvo Y. Fractional frame rate up-conversion using weighted median filters [J]. IEEE Transactions on Consumer Electronics, 1989, 35 (3): 272-278.

[29] Wang C, Zhang L, Tan Y P. Frame rate up-conversion using trilateral filgering [J]. IEEE Transactions on Circuits and Systems for Video Technology, 2010, 20 (6): 886-893.

[30] 季成涛.基于局部特征的图像超分辨率重建技术研究[D].成都：四川大学，2014.

[31] 季成涛，何小海.一种基于正则化的边缘定向插值算法[J].电子与信息学报，2014，36（2）：293-297.

[32] Ren C, He X, Teng Q, et al. Single image super-resolution using local geometric duality and non-local similarity [J]. IEEE Transactions on

Image Processing, 2016, 25 (5): 2168–2183.

[33] Ren C, He X, Nguyen T. Single Image Super–Resolution via Adaptive High–Dimensional Non–Local Total Variation and Adaptive Geometric Feature [J]. IEEE Transactions on Image Processing, 2017, 26 (1): 90–106.

[34] Zhang X, Wu X. Image interpolation by adaptive 2–d autoregressive modeling and soft–decision estimation [J]. IEEE Transactions on Image Processing, 2008, 17 (6): 887–896.

[35] Li X, Orchard M T. New edge–directed interpolation [J]. IEEE Transactions on Image Processing, 2001, 10 (10): 1521–1527.

[36] Yang W, Liu J, Xia S, et al. Variation learning guided convolutional network for image interpolation [C]. IEEE International Conference on Image Processing, 2017: 1652–1656.

[37] Tsai R Y. Multiple frame image restoration and registration [J]. Advances in Computer Vision and Image Processing, 1989, 1: 1715–1989.

[38] Marquina A, Osher S J. Image super–resolution by tv–regularization and bregman iteration [J]. Journal of Scientific Computing, 2008, 37 (3): 367–382.

[39] Zhang K, Gao X, Tao D, et al. Single image super–resolution with non–local means and steering kernel regression [J]. IEEE Transactions on Image Processing, 2012, 21 (11): 4544–4556.

[40] Freeman W T, Jones T R, Pasztor E C. Example–based super–resolution [J]. IEEE Journal of Computer Graphics and Applications, 2002, 22 (2):

56–65.

[41] Yang J, Wright J, Huang T S, et al. Image super-resolution via sparse representation [J]. IEEE Transactions on Image Processing, 2010, 19 (11): 2861–2873.

[42] Timofte R, Smet V D, Gool L V. Anchored neighborhood regression for fast example-based super-resolution [C]. IEEE International Conference on Computer Vision, 2013: 1920–1927.

[43] Timofte R, Smet V D, Gool L V. A+: Adjusted anchored neighborhood regression for fast super-resolution [C]. Asian Conference on Computer Vision, 2014: 111–126.

[44] Osendorfer C, Soyer H, Smagt P V D. Image super-resolution with fast approximate convolutional sparse coding [C]. International Conference on Neural Information Processing, 2014: 250–257.

[45] Cui Z, Chang H, Shan S, et al. Deep network cascade for image super-resolution [C]. European Conference on Computer Vision, 2014: 49–64.

[46] Dong C, Loy C C, He K, et al. Learning a deep convolutional network for image super-resolution [C]. European Conference on Computer Vision, 2014: 184–199.

[47] Dong C, Loy C C, He K, et al. Image super-resolution using deep convolutional networks [J]. IEEE Transactions on Pattern Analysis and Machine Intelligence, 2016, 38 (2): 295–307.

[48] Lai W S, Huang J B, Ahuja N, et al. Deep laplacian pyramid networks for fast and accurate super resolution [C]. IEEE International Conference on

Computer Vision and Pattern Recognition, 2017: 5835–5843.

[49] Zhang Y, Tian Y, Kong Y, et al. Residual dense network for image super-resolution [C]. IEEE International Conference on Computer Vision and Pattern Recognition, 2018: 2472–2481.

[50] Hilman K, Park H W, Kim Y M. Using motion compesated frame · rate conversion for the correction of 3 : 2 pulldown artifacts in video sequences [J]. IEEE Transactions on Circuits and Systems for Video Technology, 2000, 10 (6): 869 –877.

[51] Tekalp A M. Digital Video Processing [M]. NJ: Prentice Hall, 2015.

[52] Netravali A N, Robbins J. D. Motion–adaptive interpolation of television frames [C]. Picture Coding Symp, Jun, 1981: 115.

[53] Kim D Y, Park H W. An efficient motion–compensated frame interpolation method using temporal information for high–resolution videos [J]. Journal of Display Technology, 2015, 11 (7): 580–588.

[54] Tsai T H, Shi A T, Huang K T. Accurate frame rate up–conversion for advanced visual quality [J]. IEEE Transactions on Broadcasting, 2016, 62 (2): 426–435.

[55] Choi B T, Lee S H, Ko S J. New frame rate up–conversion using bidirectional motion estimation [J]. IEEE Transactions on consumer Electronics, 2000, 46 (3): 603–609.

[56] Choi B D, Han J W, Kim C S, et al. Motion–compensated frame interpolation using bilateral motion estimation and adaptive overlapped block motion compensation [J]. IEEE Transactions on Circuits and

Systems for Video Technology, 2007, 17 (4): 407-416.

[57] Kang S J, Cho K R, Kim Y H. Motion compensated frame rate up-conversion using extended bilateral motion estimation [J]. IEEE Transactions on Consumer Electronics, 2007, 53 (4): 1759-1767.

[58] Kang S J, Yoo S J, Kim Y H. Dual motion estimation for frame rate up-conversion [J]. IEEE Transactions on Circuits and Systems for Video Technology, 2010, 20 (12): 1909-1914.

[59] X H Van. Statistical search range adaptation solution for effective frame rate up-conversion [J]. IET Image Processing, 2017, 12 (1): 113-120.

[60] Inseo H, Ho S J, Myung H S. A new motion compensated frame interpolation algorithm using adaptive motion estimation [J]. Journal of Institute of Electronics and Information Engineers, 2015, 52 (6): 2287-5026.

[61] Xu C, Chen Y Q, Gao Z Y, et al. Frame rate up-conversion with true motion estimation and adaptive motion vector refinement [C]. IEEE International Conference on Image and Signal Processing. 2011: 353-356.

[62] Cao Y Z H, He X H, Teng Q Z, et al. Motion compensated frame rate up-conversion using soft-decision motion estimation and adaptive-weighted motion compensated interpolation [J]. Journal of Computational Information Systems, 2013, 9 (14): 5789-5797.

[63] Kaviani H R, Shirani S. Frame rate up-conversion using optical flow and patch-based reconstruction [J]. IEEE Transactions on Circuits and Systems for Video Technology, 2016, 26 (9): 1581-1594.

[64] Li B, Han J, Xu Y. Co-located Reference Frame Interpolation Using Optical Flow Estimation for Video Compression [C]. IEEE International Conference on Data Compression, 2018: 13-22.

[65] Nguyen D, Kim N U, Lee Y L. Frame rate up-conversion using median filter and motion estimation with occlusion detection [J]. IEICE Transactions on Fundamentals of Electronics, Communications and Computer Sciences, 2015, 98 (1): 455-458.

[66] Astola J, Haavisto P, Neuvo Y. Vector median filters [J]. Proceedings of IEEE, 1990, 78 (4): 678-689.

[67] Rüfenacht D, Mathew R, Taubman D. Temporal Frame Interpolation with Motion-divergence-guided Occlusion Handling [J]. IEEE Transactions on Circuits and Systems for Video Technology, 2019, 29 (2): 293-307.

[68] 鲁志红，郭丹，汪萌 . 基于加权运动估计和矢量分割的运动补偿内插算法 [J]. 自动化学报，2015，41 (5): 1034-1041.

[69] Choi G, Heo P G, Park H W. Triple-Frame-Based Bi-Directional Motion Estimation for Motion-Compensated Frame Interpolation [J/OL]. IEEE Transactions on Circuits and Systems for Video Technology, 2018, DOI: 10.1109/TCSVT.2018.2840842.

[70] Song W, Heo P, Choi G, et al. Motion Compensated Frame Interpolation of Occlusion and Motion Ambiguity Regions Using Color-Plus-Depth Information [C]. IEEE International Conference on Image Processing, 2018: 1478-1482.

[71] Sasai H, Kondo S, Kadono S. Frame-rate up-conversion using reliable

analysis of transmitted motion information [C]. IEEE International Conference on Acoustics, Speech, and Signal Processing, 2004, 5: V-257.

[72] Huang A M, Nguyen T. A novel motion compensated frame interpolation based on block-merging and residual energy [C]. IEEE International Conference on Multimedia Signal Processing, 2006: 395-398.

[73] Choi B D, Han J W, Kim C S, et al. Motion-compensated frame interpolation using bilateral motion estimation and adaptive overlapped block motion compensation [J]. IEEE Transactions on Circuits and Systems for Video Technology, 2007, 17 (4): 407-416.

[74] Choi B D, Lee S H, Ko S J. New frame rate up-conversion using bi-directional motion estimation [J]. IEEE Transactions on Consumer Electronics, 2000, 46 (3): 603-609.

[75] Al-Mualla M E. Motion field interpolation for frame rate conversion [C]. IEEE International Conference on Symposium on Circuits and Systems, 2003: 652-655.

[76] Dane G, Nguyen T Q. Smooth motion vector resampling for standard compatible video post-processing [C]. IEEE International Conference on Signals, Systems and Computers, 2004, 2: 1731-1735.

[77] Bruckstein A M, Elad M, Kimmel R. Down-scaling for better transforms compression [J]. IEEE Transactions on Image Processing, 2003, 12 (9): 1132-1144.

[78] Chen H, He X, Ma M, et al. Low bit rates image compression via adaptive

block downsampling and super resolution [J]. Journal of Electronic Imaging, 2016, 25 (1): 013004.

[79] Schwarz H, Marpe D, Wiegand T. Overview of the scalable video coding extension of the H. 264/AVC standard [J]. IEEE Transactions on circuits and systems for video technology, 2007, 17 (9): 1103–1120.

[80] Mukherjee D, Macchiavello B, Queiroz R L. A simple reversed-complexity Wyner–Ziv video coding mode based on a spatial reduction framework [C]. The International Society for Optical Engineering, 2007, 6508: 65081Y–65081Y–12.

[81] Georgis G, Lentaris G, Reisis D. Reduced complexity super resolution for low-bitrate video compression [J]. IEEE Transactions on Circuits and Systems for Video Technology, 2016, 26 (2): 332–345.

[82] Farsiu S, Elad M, Milanfar P. Video-to-video dynamic super-resolution for grayscale and color sequences [J]. EURASIP Journal on Advances in Signal Processing, 2006 (4): 1–15.

[83] Bishop C M, Blake A, Marthi B. Super-resolution Enhancement of Video [C]. Ninth conf. on Artificial Intelligence and Statistics, 2003.

[84] Simonyan K, Grishin S, Vatolin D, et al. Fast video super-resolution via classification [C]. IEEE International Conference on Image Processing, 2008: 349–352.

[85] Callicó G M, Núñez A, Llopis R P, et al. A low-cost implementation of super-resolution based on a video encoder [C]. IEEE International Conference on Industrial Elec. Society, 2002, 2: 1439–1444.

[86] Ilgin H A, Chaparro L F. Low bit rate video coding using DCT-based fast decimation/interpolation and embedded zerotree coding[J]. IEEE Transactions on Circuits and Systems for Video Technology, 2007, 17(7): 833-844.

[87] Wang R J, Chiena M C, Chang and P C. Adaptive down-sampling video coding[C]. International Society for Optics and Photonics, 2010: 7542-2010.

[88] Shen M, Xue P, Wang C. Down-sampling based video coding using super-resolution technique[J]. IEEE Transactions on Circuits and Systems for Video Technology, 2011, 21(6): 755-765.

[89] Barreto D, Alvarez L D, Molina R, et al. Region-based super-resolution for compression[J]. Multidimensional Systems and Signal Processing, 2007, 18(2-3): 59-81.

[90] Klepko R, Wang D, Huchet G. Combining distributed video coding with super-resolution to achieve H. 264/AVC performance[J]. Journal of Electronic Imaging, 2012, 21(1): 3011.

[91] Lee S H, Cho N I. Low bit rates video coding using hybrid frame resolutions[J]. IEEE Transactions on Consumer Electronics, 2010, 56(2): 770-776.

[92] Pan Z, Xiong H. Sparse spatio-temporal representation with adaptive regularized dictionaries for super-resolution based video coding[C]. IEEE International Conference on Data Compression, 2012: 139-148.

[93] Song B C, Jeong S C, Choi Y. Video super-resolution algorithm using

bi-directional overlapped block motion compensation and on-the-fly dictionary training [J]. IEEE Transactions on Circuits and Systems for Video Technology, 2011, 21 (3): 274-285.

[94] Yehuda D, Bruckstein A M. Improving low bit-rate video coding using spatio-temporal down-scaling [J]. arXiv preprint arXiv:1404.4026, 2014.

[95] Hung E M, Queiroz R L, Brandi F, et al. Video super-resolution using codebooks derived from key-frames [J]. IEEE Transactions on Circuits and Systems for Video Technology, 2012, 22 (9): 1321-1331.

[96] Kappeler A, Yoo S, Dai Q, et al. Video Super-Resolution With Convolutional Neural Networks [J]. IEEE Transactions on Computational Imaging, 2016, 2 (2): 109-122.

[97] Chung H C, Kang L W, Lin C W. Temporally coherent super resolution of textured video via dynamic texture synthesis [J]. IEEE Transactions on Image Processing, 2015, 24 (3): 919-931.

[98] Brandi F, Queiroz R, Mukherjee D. Super resolution of video using key frames and motion estimation [C]. IEEE International Conference on Circuits and Systems, 2008: 321-324.

[99] Choi H, Nam J, Yoo J, et al. Rate control based on unified RQ model for HEVC [C]. ITU-T/ISO/IEC JCT-VC Document JCT-VC H0213, 2012.

[100] Choi H, Yoo J, Nam J, et al. Pixel-wise unified rate-quantization model for multi-level rate control [J]. IEEE Journal of Selected Topics in Signal Processing, 2013, 7 (6): 1112-1123.

[101] Choi H. Improvement of the rate control based on pixel-based URQ model

for HEVC [C]. ITU-T/ISO/IEC JCT-VC Document JCT-VC I0094, 2012.

[102] Yang Z, Song L, Luo Z, et al. Low delay rate control for HEVC [C]. IEEE International Conference on Symposium on Broadband Multimedia Systems and Broadcasting, 2014: 1-5.

[103] Tian L, Zhou Y, Cao X. A new rate-complexity-QP algorithm (RCQA) for HEVC intra-picture rate control [C]. IEEE International Conference on Computing, Networking and Communications, 2014: 375-380.

[104] Li B, Li H, Li L, et al. λ domain rate control algorithm for High Efficiency Video Coding [J]. IEEE transactions on Image Processing, 2014, 23 (9): 3841-3854.

[105] 司俊俊，马思伟，王诗淇．一种基于变换系数拉普拉斯分布的HEVC码率控制算法[J].上海大学学报(自然科学版)，2013，19 (3): 229-234.

[106] Tu Q, Guo X, Men A, et al. A Frame-Level HEVC Rate Control Algorithm for Videos with Complex Scene over Wireless Network [C]. IEEE International Conference on Vehicular Technology, 2015: 1-5.

[107] Hu J H, Peng W H, Chung C H. Reinforcement Learning for HEVC/ H.265 Intra-Frame Rate Control [C]. IEEE International Conference on Symposium on Circuits and Systems, 2018: 1-5.

[108] Karczewicz M, Wang X. Intra frame rate control based SATD [C], ITU-T/ISO/IEC JCT-VC Document JCT-VC M0257, 2013.

[109] Li B, Li L, Li H. Rate control by R-lambda model for HEVC

[C]. ITU-T/ISO/IEC JCT-VC Document JCT-VC K0103, 2012.

[110] Wang M, King N, Li H. An Efficient Frame-Content Based Intra Frame Rate Control for High Efficiency Video Coding [J]. IEEE Journal of Signal Processing Letters, 2015, 22 (7): 896-900.

[111] Fern á ndez-Escribano G, Cuenca P, Orozco-Barbosa L, et al. Simple intra prediction algorithms for heterogeneous MPEG-2/H. 264 video transcoders [J]. Multimedia Tools and Applications, 2008, 38(1): 1-25.

[112] Moiron S, Faria S, Navarro A, et al. Video transcoding from H. 264/AVC to MPEG-2 with reduced computational complexity [J]. Signal Processing: Image Communication, 2009, 24 (8): 637-650.

[113] Lee Y K, Lee S S, Lee Y L. MPEG-4 to H. 264 transcoding with frame rate reduction [J]. Multimedia Tools and Applications, 2007, 35 (2): 147-162.

[114] Zhang D, Li B, Xu J, et al. Fast transcoding from H. 264 AVC to High Efficiency Video Coding [C]. IEEE International Conference on Multimedia and Expo, 2012: 651-656.

[115] Jiang W, Chen Y, Tian X. Fast transcoding from H. 264 to HEVC based on region feature analysis [J]. Multimedia Tools and Applications, 2014, 73 (3): 2179-2200.

[116] Shen T, Lu Y, Wen Z, et al. Ultra fast H. 264/AVC to HEVC transcoder [C]. IEEE International Conference on Data Compression, 2013: 241-250.

[117] Zheng F, Shi Z, Zhang X, et al. Fast H. 264/AVC to HEVC transcoding

based on residual homogeneity [C]. IEEE International Conference on Audio, Language and Image Processing, 2014: 765–770.

[118] Peixoto E, Izquierdo E. A complexity–scalable transcoder from H. 264/AVC to the new HEVC codec [C]. IEEE International Conference on 19th Image Processing, 2012: 737–740.

[119] Mora E G, Cagnazzo M, Dufaux F. AVC to HEVC transcoder based on quadtree limitation [J]. Multimedia Tools and Applications, 2017, 76 (6): 8991–9015.

[120] Yuan H, Guo C, Liu J, et al. Motion–Homogeneous Based Fast Transcoding Method from H. 264/AVC to HEVC [J]. IEEE Transactions on Multimedia, 2017, 19 (7): 1416–1430.

[121] Liu Z G, Yang Y, Ji X H. Fast macroblock mode decision for H. 264/AVC baseline profile video transcoder based on support vector machines [J]. Multimedia systems, 2012, 18 (5): 359–372.

[122] Peixoto E, Macchiavello B, de Queiroz R L, et al. Fast H. 264/AVC to HEVC transcoding based on machine learning [C]. IEEE International Conference on Telecommunications Symposium, 2014: 1–4.

[123] Xu J, Xu M, Wei Y, et al. Fast H. 264 to HEVC Transcoding: A Deep Learning Method [J/OL]. IEEE Transactions on Multimedia, (2018), DOI: 10.1109/TMM.2018.2885921.

[124] Peixoto E, Shanableh T, Izquierdo E. H. 264/AVC to HEVC video transcoder based on dynamic thresholding and content modeling [J]. IEEE Transactions on Circuits and Systems for Video Technology, 2014,

24 (1): 99–112.

[125] Zhang D, Tong J, Zang D. Fast CU partition for H. 264/AVC to HEVC transcoding based on fisher discriminant analysis [C]. IEEE International Conference on Visual Communications and Image Processing, 2016: 1–4.

[126] Díaz–Honrubia A J, Martínez J L, Cuenca P, et al. Adaptive fast quadtree level decision algorithm for H. 264 to HEVC video transcoding [J]. IEEE Transactions on Circuits and Systems for Video Technology, 2016, 26 (1): 154–168.

[127] Zhang B Y, Zhao B D, Ma S W. A motion–aligned auto–regressive model for frame rate up–conversion [J]. IEEE Transactions on Image Processing, 2010, 19 (5): 1248–1258.

[128] Lee S H, Shin Y C, Yang S, et al. Adaptive motion–compensated nterpolation for frame rate up–conversion [J]. IEEE Transactions on Consumer Electronics, 2002, 48 (3): 44–450.

[129] Hu H P, Liu G Y. A novel method for frame rate upconversion [C]. IEEE International Conference on Image Analysis and Signal Processing, 2011: 6–9.

[130] Hong B, Eom M, Choe Y. Scene change detection using edge direction based on intraprediction mode in H.264/AVC compression domain [C]. IEEE International Conference on Region 10, 2006: 1–4.

[131] Cordula Heithausen, Jan Hendrik Vorwerk. Motion compensation with higher order motion models for HEVC [C]. IEEE International Conference on Acoustics, Speech and Signal Processing, 2015: 1438–

1442.

[132] Tsai T H, Shi A T, Huang K T. Accurate frame rate up-conversion for advanced visual quality [J]. IEEE Transactions on Broadcasting, 2016, 62 (2): 426–435.

[133] Han R, Men A, Gu J. A low complexity halo reduction method for motion compensated frame interpolation [C]. International Conference on Graphic and Image Processing, 2013.

[134] Vinh T Q, Kim Y C, Hong S H. Frame rate up-conversion using forward-backward jointing motion estimation and spatio-temporal motion vector smoothing [C]. IEEE International Conference on Computer Engineering & Systems, 2009: 605–609.

[135] Shi W, Jiang X, Song T, et al. Spatial locality based supplemental modes for intra prediction of HEVC [C]. IEEE International Conference on Consumer Electronics, 2015: 298–299.

[136] Dong J, Ye Y. Adaptive Downsampling for High-Definition Video Coding [J]. IEEE Transactions on Circuits and Systems for Video Technology, 2014, 24 (3): 480–488.

[137] Misu T, Matsuo Y, Iwamura S, et al. Real-time implementation of UHDTV video coding system with super-resolution techniques [C]. IEEE International Conference on Picture Coding Symposium, 2013: 181–184.

[138] Zhang Y, Zhao D, Zhang J, et al. Interpolation-dependent image downsampling [J]. IEEE Transactions on Image Processing, 2011, 20 (11): 3291–3296.

[139] Chen J, He X, Chen H, et al. Single image super-resolution based on deep learning and gradient transformation [C]. IEEE International Conference on Signal Processing, 2016: 663-667.

[140] Sun J, Xu Z, Shum H. Image super-resolution using gradient profile prior [C]. IEEE International Conference on Computer Vision and Pattern Recognition, 2008: 1-8.

[141] Nair V, Hinton G E. Rectified linear units improve restricted boltzmann machines [C]. IEEE International Conference on Machine Learning, 2010: 807-814.

[142] LeCun Y, Bottou L, Bengio Y, et al. Gradient-based learning applied to document recognition [J]. Proceedings of the IEEE, 1998, 86 (11): 2278-2324.

[143] Mosleh A, Bouguila N, Hamza A B. Automatic inpainting scheme for video text detection and removal [J]. IEEE Transactions on Image Processing, 2013, 22 (11): 4460-4472.

[144] Lee S H, Kwon O, Park and R H. Weighted-adaptive motion-compensated frame rate up-conversion [J]. IEEE Transactions on Consumer Electronics, 2003, 49 (3): 485-492.

[145] Jia Y, Shelhamer E, Donahue J, et al. Caffe: Convolutional architecture for fast feature embedding [C]. ACM International Conference on Multimedia, 2014: 675-678.

[146] Yu K, Dong C, Loy C C, et al. Deep Convolution Networks for Compression Artifacts Reduction [J]. arXiv preprint arXiv: 1608.02778,

2016.

[147] Chen Q, Wu D. Delay-Rate-Distortion Model for Real-Time Video Communication [J]. IEEE Transactions on Circuits and Systems for Video Technology, 2015, 25 (8): 1376-1394.

[148] 史春明 . H. 264 码率控制算法研究 [D]. 长沙：中南大学，2012.

[149] He Z, Yong K K, Mitra S K. Low-delay rate control for DCT video coding via ρ -domain source modeling [J]. IEEE Transactions on Circuits and Systems for Video Technology, 2001, 11 (8): 928-940.

[150] Li Z G, Pan F, Lim K P, et al. Adaptive Basic Unit Layer Rate Control for JVT [C]. Joint Video Team (JVT) of ISO/IEC MPEG and ITU-T VCEG, 7th Meeting Pattaya Ⅱ, Thailand, 2003.

[151] Kim S D. A bit allocation method based on picture activity for still image coding [J]. IEEE Transactions on Image Processing, 1999, 7 (8): 974-977.

[152] Jing X, Chau L P, Siu W C. Frame complexity-based rate-quantization model for H. 264/AVC intraframe rate control [J]. IEEE Journal of Signal Processing Letters, 2008, 15: 373-376.

[153] Domingos P, Pazzani M. Beyond Independence: Conditions for the Optimality of the Simple Bayesian Classifier [C]. IEEE International Conference on Machine Learning, 1996: 105-112.

[154] Friedman N, Geiger D, Goldszmidt M. Bayesian network classifiers [J]. Machine learning, 1997, 29 (2-3): 131-163.

[155] El Hindi K. A noise tolerant fine tuning algorithm for the Naïve Bayesian

learning algorithm [J]. Journal of King Saud University-Computer and Information Sciences, 2014, 26 (2): 237-246.

[156] Amer H, Yang E. Scene-based low delay HEVC encoding framework based on transparent composite modeling [C]. IEEE International Conference on Image Processing, 2016: 809-813.

[157] Yumi Eom, Park Sangil, Chung C. A new scene change detection method of compressed and decompressed domain for UHD video systems [C]. IEEE International Conference on Consumer Electronics, 2016: 229-232.

[158] 周志华 . 机器学习 [M]. 北京：清华大学出版社，2016.

[159] Shanableh T, Peixoto E, Izquierdo E. MPEG-2 to HEVC video transcoding with content-based modeling [J]. IEEE Transactions on Circuits and Systems for Video Technology, 2013, 23 (7): 1191-1196.

[160] Zhang Y, Kwong S, Wang X, et al. Machine learning-based coding unit depth decisions for flexible complexity allocation in high efficiency video coding [J]. IEEE Transactions on Image Processing, 2015, 24 (7): 2225-2238.

[161] Fernάndez-Escribano G, Kalva H, Cuenca P. A fast MB mode decision algorithm for MPEG-2 to H. 264 P-frame transcoding [J]. IEEE Transactions on Circuits and Systems for Video Technology, 2008, 18 (2): 172-185.

[162] Guyon I, Elisseeff A. An introduction to variable and feature selection [J].

Journal of machine learning research, 2003, 3: 1157–1182.

[163] ITU–T Recommendation P. Subjective video quality assessment methods for multimedia applications [C]. International telecommunication union, 1999.

[164] Dash M, Liu H. Consistency–based search in feature selection [J]. Artificial intelligence, 2003, 151 (1): 155–176.

[165] JM Reference Software [DB/OL]. http://iphome.hhi.de/suehring/tml/.

[166] HM Reference Software [DB/OL]. https://hevc.hhi.fraunhofer.de/svn/svn HEVCSoftware/.

[167] Bjontegaard G. Calcuation of average PSNR differences between RD–curves [C]. ITU–T VCEG, Document VCEG–M33, Thirteenth Meeting, 2001.